營養師教你做！

減醣烘焙

林俐岑——著

蛋糕、奶酪、餅乾、麵包、
中西式早餐，美味不發胖

利用減醣烘焙法，控糖美味零負擔！

門診中糖尿病或是減重朋友常常會問我：「營養師，我很愛吃甜食耶！我再也不能碰甜食了嗎？這樣雖然我的血糖可以控制的很好，可是我的心情會很憂鬱傷心耶！」哈哈……沒錯！對於愛吃甜食的朋友來說，不能吃甜食真的是會非常痛苦，我非常能了解這樣的心情，因為我自己也是有另一個甜食胃，簡單地說我也是個甜食控。

其實「糖尿病飲食」與「健康減重飲食」的觀念是一樣的，重點是總熱量的控制，在同樣是澱粉類中的食物，盡量選取低GI的食材代替精製澱粉，用這種聰明飲食法來控制熱量，對控制血糖或體重都會有良好的幫助。

俐岑營養師是糖尿病衛教師，她的興趣是烘培，而且善於用全穀根莖類來代換食材，她書中強調用減醣烘焙的方式，讓喜愛吃甜食的人也能在控制熱量之餘滿足口腹之慾，對糖尿病患或是想減肥的人來說，都是一大福因。

她將營養學領域的專業與烘焙專長結合，拿來造福我們這些愛吃甜食的人，並且精準地提供營養成分，還精心挑選適合的食材。以一般烘焙常使用的油脂、精緻麵粉、精緻糖類來說，書裡就列出許多可替換這些精緻食材的方法。

喜歡烘焙及愛吃甜食的人，利用書裡的減醣烘焙3步驟，就能製作出符合血糖控制與減重需求的美味甜食，讓你控糖美味零負擔！

營養師

李婉萍

和我一起踏入健康烘焙的世界吧！

身為一位營養師，且又是一位糖尿病衛教師，你一定很難想像我怎麼會和蛋糕、餅乾等烘焙製品連結在一起吧？接觸烘焙領域至今也有4～5年之久了，會這麼迷戀烘焙，我想這一切都要感謝先生的一句話！我還記得第一次做蛋糕，是看著網路食譜用電鍋做的，先生瞧見後便說：「做出來的蛋糕怎麼這麼像粿？」可能是自尊心作祟或是不服輸的心裡，我開始了這一段烘焙旅程，埋進了烘焙的世界裡。

烘焙製品給人的印象，幾乎是高糖高油的甜點，不適合糖尿病患或是患有三高的人食用，更是減重朋友避之唯恐不及的食物，但在鑽研烘焙領域之後，我深刻地體會到，透過烘焙也能做出健康的蛋糕、餅乾及麵包，並呈現許多創意及新點子。每個創新的健康烘焙食譜都是經歷過好多次的嘗試與失敗所累積出來的成果，我的孩子最喜愛吃「可可全麥戚風蛋糕」，這是利用全麥麵粉取代全部低筋麵粉所製作而成。孩子總是會對我說：「媽媽做的蛋糕最好吃了！」就是本著做給孩子吃的心情，我希望糖尿病患也可以吃到健康的蛋糕、餅乾，因此利用減醣烘焙法的原則：❶全穀食物取代精製澱粉、❷選擇較不影響血糖的好糖、❸以植物油和堅果取代烘焙常使用的奶油、酥油等油脂，這樣改變烘焙食材的選取，就能做出可滿足口慾及健康營養的烘焙製品，這也是本書的核心理念。

所謂的「醣」廣義地包含「單醣類的糖」，現在的健康飲食生活中，除了倡導少糖之外，更重要的是如何選擇「好醣」，這本書教導大家選擇好澱粉、好穀類、好醣，其所帶來的好處與營養價值，是精製澱粉比不上的。透過健康食材的選取與搭配，提高烘焙製品的營養密度、降低升糖指數與熱量，在有限度的攝取量下，即使是糖尿病患、三高患者或是正在減重的朋友，就算吃甜食也能吃下健康。

我花很多時間在於如何讓烘焙製品可以變得更有趣、更有創意及更健康，因為「營養是我的本業、烘焙是我的興趣，能將本業與興趣結合是我最大的幸福與幸運。」從一開始什麼都不會的烘焙新手，到考取烘焙西點丙級證照，直到現在總算可以出一本與大家分享健康烘焙的食譜書，心裡充滿感激，感謝家人的一路支持並吃下很多失敗的作品之外，更要謝謝出版社給我這個機會可以與大家分享與交流。

本書作者 林俐岑

CONTENTS

PART 3

大人小孩都愛吃！營養點心篇 100

PART 4

自製最安心！中西式早餐篇 162

PART 1

拋開精緻化食物，

你一定要學的減醣飲食觀念

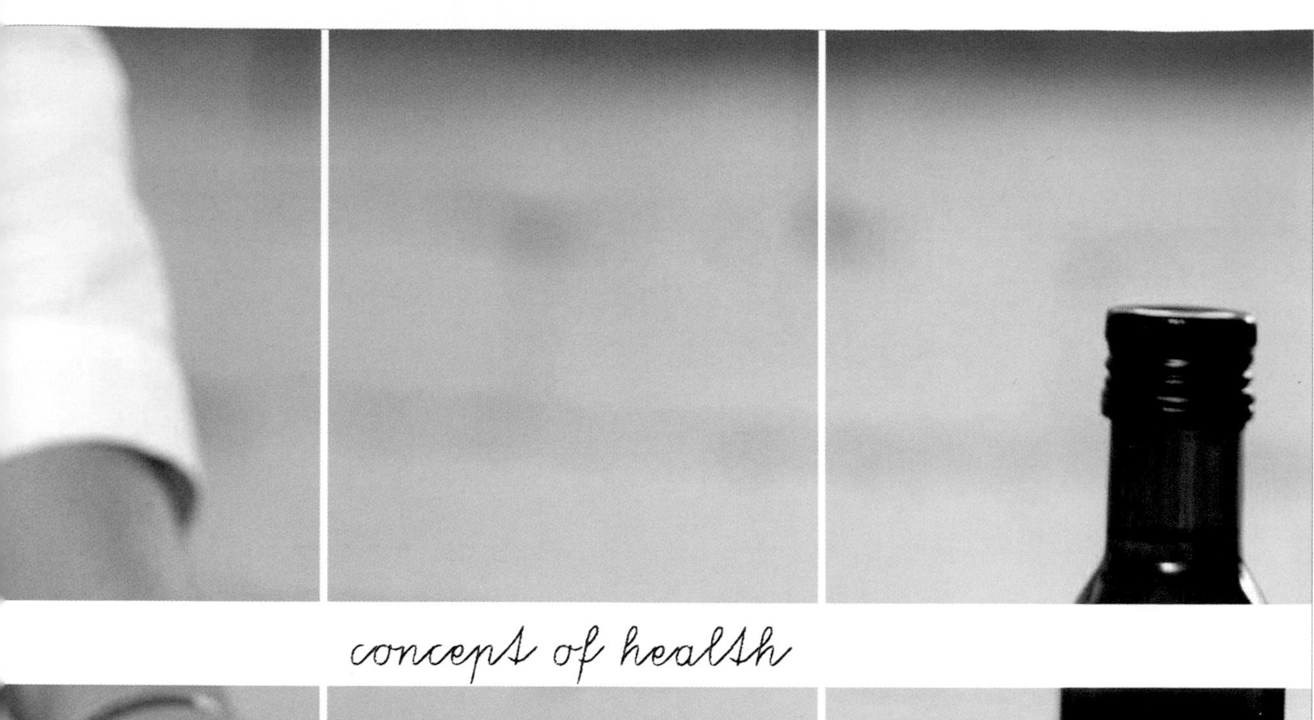

concept of health

減醣飲食第一步，先了解「全穀食物」

身為營養師暨糖尿病衛教師的我，總是在主食的衛教上面，不厭其煩地向民眾宣導「全穀食物」的重要性，到底「全穀食物」是什麼？為什麼要攝取全穀食物呢？這對身體會有什麼影響？哪些人適合吃全穀食物？在要講全穀食物的益處之前，我先聊聊現代人的飲食出了什麼問題！

現代人飲食過度「精緻化」，也可以說是「精製化」，讓食物不再是粗食、粗糧，而是過度加工精製的食品。你可能會想，這有什麼不好呢？「精製飲食」其實意味著「無纖維、營養密度低的飲食」，這種精製飲食會為你的身體帶來什麼樣的影響？

先想想一早起床的早餐，你會準備什麼呢？總是匆忙趕著上班，往往就是白吐司夾著草莓果醬、巧克力醬或是花生醬就出門了，也有許多上班族到公司附近的便利超商買肉鬆麵包、波蘿麵包、蛋糕捲等，甚至搭配含糖果汁或是調味乳；有些愛吃中式早餐的人，則會買白饅頭、蘿蔔糕等；午餐及晚餐可能是選擇油炸類的便當或是羹麵等，有些人更是有吃宵夜的習慣。

現代人的時間相當寶貴，總是想著快速且簡單地解決一餐就好，但是上述所提到你每天吃的早餐，幾乎是高精製澱粉食物，甚至有些含有高精製糖，而午餐及晚餐所攝取的主食，也都是高精製澱粉食物，但蔬菜量往往都沒有攝取到最低份數的三份（一碗半的份量）。我希望藉由這本書，讓大家拋開精緻化的飲食習慣，一起加入減醣飲食的行列，首先第一步就一起來認識「全穀食物」吧！

為什麼精製食物有害健康？

精製澱粉食物吃下肚之後，血糖會快速地飆升，為了讓血糖能夠恢復水平，身體會大量分泌胰島素，胰島素是為了讓血糖恢復正常值，但也進一步將多餘的葡萄糖儲存成脂肪，日積月累下來，就形成了「肥胖」。伴隨著內臟脂肪過高、血脂肪異常、身體處於發炎狀態等等，高血壓、高血脂及高血糖等三高文明病接踵而來！

什麼是全穀食物？對人體有什麼好處

白米

糙米

全穀食物其實是一個大家族的稱呼，而非指單一的穀類，所謂的全穀食物必須含有三個部分「麩皮、胚芽、胚乳」，缺一不可。

NOTE 全穀食物：糙米、全燕麥粒、全蕎麥、全小米、紫米（紫糯米）、糙薏仁、全麥（全小麥）、全玉米。

至於現在大家常吃的白米飯、白麵粉製品（像是麵條、麵包、白饅頭等）都是屬於精製食物，以米飯的種類來舉例，糙米、胚芽米和白米又有何不同？

- **糙米**：去除最外層的稻殼，保留「內層的麩皮、胚芽及胚乳」，擁有豐富的膳食纖維、維生素B群及礦物質。
- **胚芽米**：保留了「胚芽及胚乳」。
- **白米**：只剩下「胚乳」的部分，以營養學的角度來看，營養密度不及胚芽米、糙米，沒有什麼營養價值。

糙米的麩皮層，又可稱為「米糠」，米糠裡頭富含維生素B1、菸鹼酸等B群，並且也含有非常豐富的單元不飽和脂肪及維生素E，而糙米本身的礦物質含量皆高於白米，特別是鉀、鈣、磷、鐵、鋅等，皆參與了身體的各項代謝，正好適合現代人維生素及礦物質缺乏的現象。

以米飯一碗來說，屬於四份主食，故在相同份量的糙米飯和白米飯之間，熱量其實差異不大。但依品種不同，在膳食纖維、維生素B1含量的部分，糙米飯為白米飯的五至十倍之多；且維生素B1本身對熱穩定，即使隨著烹煮加熱而些許流失，但糙米飯的維生素B1含量仍是高於白米飯。除此之外，糙米飯所含的礦物質，像鉀、鈣、磷、鎂、鋅等，更是高於白米飯，而維生素E的含量甚至是白米飯的七至十二倍呢！

NOTE 同樣是吃飯，你知道糙米飯除了可以吃飽、提供人體必須的能量之外，它還多了膳食纖維、維生素B1、維生素E及礦物質，甚至還能為你帶來許多健康效益呢！

全穀食物富含膳食纖維

膳食纖維對於身體各方面的好處可是多到數不清，而且對體重控制的效果特別好，想要減重的人，第一件事情可以增加膳食纖維的攝取量，例如吃進足夠的蔬菜量，並把精製米飯麵粉類食物，通通換成「全穀食物」，那麼相信就離成功減重之路不遠了！底下特別介紹膳食纖維的營養價值。

膳食纖維的保健特色

特色	功效
腸道保健	●膳食纖維具有飽足感，能夠刺激腸道蠕動、幫助排便，也可以讓腸道內的廢物及有毒物質加速排出體外，預防腸癌的發生。 ●膳食纖維可以當成益生菌的食物，讓腸道的益生菌生長良好，進而維持較佳的菌相，更有助於提升整體的免疫力。
調節血脂肪	●膳食纖維於腸道內形成凝膠狀，可以幫忙吸附油脂，更可以和膽酸結合，進而將膽固醇從糞便中代謝掉，達到調節體內膽固醇的濃度。 ●膳食纖維在腸道中，透過細菌的發酵能產生短鏈脂肪酸（Short-chain fatty acids, SCFA），許多研究發現可以進而去調節膽固醇的代謝。
控制血糖	●膳食纖維吸水後的凝膠特性，能夠包覆富含澱粉的食物，以延緩血糖上升的速度，確實有助於飯後血糖的控制。 ●膳食纖維吸水膨脹後，可以避免攝取其他過多精製澱粉的食物，技巧性地控制血糖。
控制體重	●膳食纖維具有飽足感，可避免食物攝取過量。 ●膳食纖維可以吸附油脂，避免身體儲存過多的油脂。

全穀食物富含維生素B1

維生素B1是排行維生素B群之中的老大，參與身體的三大營養素能量代謝，特別是醣類的代謝，也參與生長發育、學習能力、腸道消化狀況及心臟、肝臟運作等作用，同時也做為肌肉及神經傳導所需的維生素，故維生素B1有「抗神經炎維生素」之美名。特別的是，維生素B1也具有維持體內水分平衡的功能，影響的層面非常廣泛。

當維生素B1攝取量不足或是缺乏時，通常會伴隨著多發性神經炎、腳氣病、手腳麻且疲勞、食慾不濟、精神狀況不佳、疲倦、易怒等症狀的表現。因此**最簡單獲得維生素B1的方式就是攝取全穀類食物**，「麩皮」內含有豐富的維生素B1，精製加工過的白麵粉、白米飯，則已經將麩皮去除，所以維生素B1的含量幾乎微乎其微。**藉由透過攝取全穀食物當做主食，取代部分的精製米飯或是麵粉製品，都可以攝取到較足夠的維生素B1**，來維持身體的能量代謝及神經傳導等作用。

全穀食物富含維生素E

維生素E為脂溶性維生素，這是很強的抗氧化物質，能夠清除體內的自由基，減少自由基去攻擊破壞細胞膜的機會，藉此達到抗氧化的效果。維生素E也具有滋潤皮膚角質的效用，能夠幫助傷口的癒合，對於血管內皮細胞更是有保護的作用，能減少血液的凝結，降低血栓發生的機會，預防心血管疾病的發生，是個護心護血管的脂溶性維生素。

近些年來，許多研究發現維生素E可以預防DNA的損傷、提升免疫反應，甚至是抑制癌細胞的生長等，讓它成為癌症輔助營養素中的後起之秀，因此坊間的維生素E保健食品，如雨後春筍般的出現，但其實**從天然食物中攝取維生素E，反而比單純吃維生素E的保健食品更加有效喔！**

富含維生素E的天然食物有許多，例如未精製的全穀食物、堅果類、好的植物油等，像是橄欖油、葵花油、苦茶油等。維生素E為脂溶性維生素，顧名思義就是要搭配含有油脂的食物才容易被人體吸收，因此像是膽汁滯留、纖維化囊腫、胰臟炎等疾病，造成脂肪吸收不好的人，在維生素E吸收的部分就會比較差，相對就較容易有維生素E缺乏的一些症狀產生。

Column 1 糖尿病患可以吃甜食嗎？

「營養師，我可以吃甜食嗎？像是蛋糕、麵包、餅乾等。」以前若有糖尿病患這樣問我，我一定回答：「盡量少吃！可以不吃更好！」但後來發現，你越禁止的事情，他們越會想偷偷做，由每三個月抽血驗糖化血色素（HbA1c）就可以發現，對於意志力不堅定或是小看糖尿病併發症的患者，往往仍不顧忌地享用下午茶蛋糕、甜食等。

於是這幾年來，我漸漸改變我的衛教模式，與其禁止你不吃甜食，不如教導你該怎麼選擇或是如何自己動手做健康點心，既可以滿足口慾也可以讓血糖的控制達到理想的狀況。

因此我將醫療專業結合烘焙興趣，希望給予有血糖問題的民眾、想吃甜食點心但又同時想擁有健

維生素E特色

特色	功效
抗氧化功效佳	維生素E是很強的抗氧化物質，可以降低自由基對細胞膜的破壞，若缺乏維生素E的話，紅血球細胞膜易遭受自由基的破壞而溶血，紅血球的壽命因而縮短，造成貧血的現象。
心血管保護作用	對於血管內皮細胞有保護的作用，以及減少血液的凝集，降低血栓發生的機會，預防心血管疾病的發生。
提升免疫力	●維生素E有助於製造抗體，增加T細胞的活性，可以提升免疫力。 ●維生素E可以預防DNA的損傷、提升免疫反應，甚至是抑制癌細胞的生長等。
預防失智症	●失智症的發生，被推論可能是由於類澱粉蛋白（ß-Amyloid）（屬於一種自由基）沉積於大腦皮質，造成腦部神經傳導退化，進而影響到記憶力。 ●維生素E強大的抗氧化作用，可以減少自由基攻擊細胞，但目前給予單劑量的維生素E，在預防失智症方面尚無定論。建議先從「未精製穀類、堅果類、優質植物油」攝取維生素E為佳。

維生素B1特色

特色	功效
營養素的能量代謝	當做能量代謝途徑的輔酶，參與協助營養素特別是醣類的能量代謝。
影響身體器官組織（廣泛）	●**一般影響**：缺少的話食慾減退，衰弱，嚴重會死亡。 ●**心臟**：缺少的話會讓心肌收縮異常、心纖維壞死、心跳緩慢、心衰竭。 ●**肝臟**：缺少的話會讓肝臟代謝異常、肝臟出血。 ●**腸道**：缺少的話會讓腸黏膜發炎、潰瘍、出血。 ●**中樞神經系統**：缺少的話會讓神經傳導異常、痲痺導致死亡。
肌肉協調、神經傳導	參與肌肉的神經傳導，若缺乏易引起多發性神經炎及手腳肌肉麻痺。
調節體內水分	參與體內水分的調節及恆定，若缺乏則易引起腳氣病，甚至影響水分的代謝。

康的人，有更多的指引及方向。

所以現在的我會說：「糖尿病患可以吃餅乾、戚風蛋糕等甜食，但這可是有前提，要吃低醣烘焙的甜食才行。」一般市面上其實找不到適合的專屬甜食，那為什麼不自己動手做呢？餅乾的基本材料為低筋麵粉、奶油、細砂糖等烘焙食材，但如果替換成全麥麵粉或是大燕麥片、橄欖油、椰棕糖等健康食材，並且控制適量油脂及椰棕糖量，那麼所製作出來的健康餅乾，就適合糖尿病患食用。除了注意攝取量之外，其他餐別的主食澱粉食物則也必須要減量，只要掌握這些飲食技巧及原則，糖尿病患仍可以偶爾淺嚐自製的健康點心唷！

減醣飲食第二步，徹底搞懂「升糖指數」

何謂「升糖指數（Glycemic Index, GI）」呢？升糖指數又可簡稱GI值，是以食用100公克的純葡萄糖之後，兩小時內血糖上升值做比較所得到的指數。升糖指數越高的食物，意味著食用後越容易使血糖上升，所以越不容易控制好血糖。

通常糖分較高或是非常好消化的食物，升糖指數相對地較高，像是白粥、精製米飯、精製麵粉製品，還有蛋糕、紅豆麵包、餅乾等；而富含膳食纖維的粗糧、全穀食物、大部分蔬菜等，升糖指數則是較低。

一般來說，GI值高於60以上屬於「高GI食物」；GI值低於30以下屬於「低GI食物」；介於30～60中間數值則屬於「中GI食物」。烹調方式、食物含蛋白質及脂肪的比例，也會影響到升糖指數的高低。

NOTE 食用升糖指數高的食物之後，血糖會快速上升，刺激胰島素大量分泌，一併引起飢餓感而誘發食慾，促使食量增加，進而造成人體脂肪的堆積。

常見食物的升糖指數表（GI值）

食物 GI 指數（以白麵包 GI＝100 做為GI食物對照之參考指標）。以下資料來源：行政院衛生福利部國民健康署健康九九網站。

全穀根莖類

GI指數低至中	GI指數高
全麥早餐穀類GI=43±3 皇帝豆GI=46±13 山藥GI=53±11 粉絲GI=56±13	義大利麵GI=60±4 米粉GI=61±6 速食麵GI=67±2 通心粉GI=67±3 豌豆（仁）GI=68±7 綠豆GI=76±11 甜玉米GI=78±6 芋頭GI=79±2 烏龍麵GI=79±10 燕麥片粥GI=83±5 烤馬鈴薯GI=85±4 甘藷GI=87±10 玉米脆片GI=90±15 白米飯GI=91±9 即食麥片粥GI=94±1 白麵包GI=100 貝果GI=103±5 薯條GI=107±6 糯米飯GI=132±9

蔬菜類

GI指數低至中	GI指數高
菜豆GI=39±6 扁豆GI=41±1 大豌豆（莢）GI=56±12	胡蘿蔔GI=68±23

NOTE 各式葉菜類蔬菜皆屬於低GI食物。

豆類

GI指數低至中	GI指數高
黃豆GI=25±4	—

水果類

GI指數低至中	GI指數高
櫻桃GI=32 梨子GI=47 無糖蕃茄汁GI=54 草莓GI=57 葡萄柚GI=36 蘋果GI=52±3 李子GI=55±21	柳橙GI=60±5 無糖鳳梨汁GI=66±3 柳橙汁GI=71±5 草莓果醬GI=73±14 奇異果GI=75±8 木瓜GI=84±2 西瓜GI=103 桃子GI=60±20 葡萄GI=66±4 葡柚汁GI=69±5 芒果GI=73±8 香蕉GI=74±5 小紅莓汁GI=80 鳳梨GI=84±11

乳製品類

GI指數低至中	GI指數高
全脂牛奶GI=38±6 優格GI=51	布丁GI=62±5 冰淇淋GI=87±10 豆奶GI=63

烘焙食品類

GI指數低至中	GI指數高
—	蛋糕（蛋糕粉）GI=60 鬆餅GI=78±6 糖霜雞蛋糕GI=104 海棉蛋糕GI=66 天使蛋糕GI=95±7 甜甜圈GI=108±10

零食點心類

GI指數低至中	GI指數高
花生GI=21±12 腰果GI=31	巧克力GI=61±4 爆米花GI=103±24 洋芋片GI=77±4

碳酸飲料類

GI指數低至中	GI指數高
—	可口可樂GI=83±7 芬達汽水GI=97

糖類

GI指數低至中	GI指數高
赤藻糖醇5±3 木糖醇GI=11±1 麥芽糖醇GI=20±5 果糖GI=27±4	乳糖GI=66±3 蔗糖GI=97±7 蜂蜜GI=78±7

NOTE 另外提供給大家一個很完整的澳洲網站，可以查詢各種食物的升糖指數。
★查詢食物的升糖指數（國外網站）：http://www.glycemicindex.com/

簡單判斷食物升糖指數高低

想要知道升糖指數的高低，有個很簡單的判斷方式，只要記好底下的方式，慎選低GI值的食物，就不用擔心血糖過高的問題了。

不過在這裡還是要提醒大家，雖然學會選擇低GI值的食物有助於控制血糖，但最好也要控制熱量，避免攝取過多油炸、高飽和脂肪或是反式脂肪的食品才行，因為有些脂肪含量高的食物雖然屬於低GI值，但過度攝取仍不利於血脂肪、血壓及體重的控制喔！

● 影響GI值的因素

判斷方式	說明	範例
膳食纖維的含量	膳食纖維越多，GI值較低。	糙米的GI值低於白米。
澱粉糊化的程度	澱粉糊化程度越高，GI值越高。	白粥的GI值高於白飯。
蛋白質、脂質含量	蛋白質、脂肪含量越高，因幾乎不含醣類，對於血糖影響較小，故GI值較低。	魚肉的GI值比澱粉主食或是水果低。
是否同時攝取其他食物	複合式的飲食，會比單吃澱粉類食物，GI值較低。	蔬菜蛋吐司的GI值低於單吃吐司。
醣類的形態及澱粉結構	糯米類食物（油飯、粽子、湯圓等），因其澱粉的化學結構以支鏈澱粉居多（佔97%以上），故GI值較高。	糯米類食物GI值高於白米。

關於GL值（升糖負荷）的重要性

除了選擇相對低升糖指數（低GI值）的食物之外，建議讀者們還需要多瞭解一個觀念，就是「升糖負荷（Glycemic Load, GL）」。升糖指數只提到食物上升血糖的速度，但「攝取量」也是影響血糖濃度、血糖控制是否良好的重要關鍵。

★升糖負荷計算方式：

食物中所含碳水化合物的重量（以公克計算）X 升糖指數（GI值）／100＝升糖負荷（GL值）

因此吃半碗白飯（約100公克米飯，約兩份主食），和吃3/4碗白飯（約150公克米飯，約三份主食），其兩者的升糖負荷數值是不一樣的。白飯的升糖指數（GI值）介於82～100，視品種不同而有些微的不同，若白飯升糖指數以90計算，100公克熟的白飯，其碳水化合物的總含量約為30公克、白飯150公克的碳水化合物含量約45公克。

★範例試算：

100公克白飯升糖負荷（GL值）為：（30 X 90）／100 =27

150公克白飯升糖負荷（GL值）為：（45 X 90）／100 =40.5

升糖負荷（GL值）代表的是「攝取量」

的概念，當GL數值越高，影響胰島素的分泌越劇烈，而對於第二型糖尿病患來說，更會加劇胰島素的抗性，使得血糖控制每況愈下。所以**並非升糖指數低的食物，就可以吃多了也沒關係，想控制好血糖，升糖負荷的部分也需要一併考量進去喔！**

營養師健康小叮嚀

這本書裡介紹的烘焙食譜，舉凡餅乾、蛋糕、麵包、饅頭等製作，皆是使用富含膳食纖維的「全穀食物」為基礎，再搭配其他健康素材，讓有三高問題困擾的人，或是正在減重的你，可以動手體驗「健康全穀烘焙製品」的美好，這將有助於控制好血糖、血脂肪、體重等，又能滿足一下口慾喔！

Column 2

糖尿病患可以吃米飯嗎？

往往糖尿病病人聽到常吃的白飯、麵食、水果會影響血糖上升，就會非常緊張地接著問：「營養師，飯、麵及水果都不能吃，人活著還有意義嗎？」我會回答：「營養師的存在，就是教會你們如何選擇食物，巧妙搭配控制好血糖，讓你的人生更有意義啊！」

所以其實糖尿病患是可以吃米飯的，只要換個更好的全穀根莖類當做主食的選擇，反而可以更有效率地控制血糖，像是帶皮南瓜、帶皮番薯、帶皮馬鈴薯、蓮子、蓮藕等，都是富含膳食纖維、維生素和礦物質的好澱粉來源，蒸煮後可以當做主食，用以取代白米飯，讓主食有更多樣不同的變化；再來就是主食份量的拿捏，蒸煮帶皮的番薯或是糙米飯比白米飯好，但不表示你可以吃很多，份量意味著所攝取的總醣量，也攸關於血糖控制的優劣。因此想要控制好血糖，學會選擇「優質」的主食以及控制攝取的「份量」才是訣竅喔！

★糖尿病患米飯&麵食選擇訣竅：

- 將白米飯換成五穀飯或是糙米飯會更好，再依個人的血糖控制目標調整所攝取的飯量。
- 白麵條替換成燕麥麵條、全麥麵條等。外食族的糖尿病患，則盡量選擇無勾芡的羹麵類食物，並加盤燙青菜補充膳食纖維，可以控制飯後血糖不至於上升太快。

米飯的選擇其實很多樣化，平常建議將白米飯換成五穀飯、糙米飯，對健康會比較好。

減醣烘焙法，
讓美味與健康更加倍

我們在飲食上，一定要盡量攝取全穀食物、低GI值與GL值，而這本書我主要從「烘焙」的角度來切入，以減醣烘焙的概念，讓各位讀者都能吃到健康又美味的料理。一般市售的麵包、點心、蛋糕等，GI值、GL值其實都不利有血糖問題或想減肥的人攝取，因此這本書裡我會教大家選擇健康的烘焙食材。

在烘焙食材的選擇上，我把精製麵粉或是精製米飯換成全穀食材，再來就是糖、油脂的選擇，考量熱量、升糖指數、膳食纖維與否等細節，最後就是口感是否好吃、外觀等要求。以下我使用表格，讓大家更清楚這本書裡所使用到的健康烘焙材料。

NOTE 以下所替換的食材，在後面的章節裡（P194、P219）都可以查閱購買方式。

減醣烘焙法食物替換方式

項目	原先食材	替換食材（或是取代部分原先食材）
餅乾	精製麵粉（低筋麵粉）	全麥麵粉、生糙米粉、燕麥片、豆渣、黑豆粉、杏仁粉等
	奶油	橄欖油、玄米油、酪梨油、堅果等
	砂糖	椰棕糖、麥芽糖醇、蜂蜜、海藻糖、果乾等
蛋糕	精製麵粉（低筋麵粉）	全麥麵粉、生糙米粉、豆渣、黑豆粉、杏仁粉等
	奶油	橄欖油、玄米油、酪梨油等
	砂糖	椰棕糖、麥芽糖醇、蜂蜜、楓糖、海藻糖、水果（香蕉、柳橙、蘋果等）
歐式麵包	精製麵粉（高筋麵粉）	全麥麵粉、全穀食物（像是十穀飯、藜麥、南瓜）等
	奶油	橄欖油、玄米油、堅果、酪梨油等
	砂糖	椰棕糖、麥芽糖醇、海藻糖、果乾等
	液態食材（水）	豆漿（含豆渣）、優格、鮮奶等
饅頭	精製麵粉（中筋麵粉）	全麥麵粉、全穀食物（像是十穀飯、燕麥粒、藜麥、南瓜等）、豆渣等
	奶油	橄欖油、玄米油、酪梨油等
	砂糖	椰棕糖、麥芽糖醇、黑糖、海藻糖等
	液態食材（水）	豆漿（含豆渣）、優格、鮮奶等

本書所使用的烘焙工具

造型壓模（鳳梨酥）

將鳳梨酥、金棗酥的麵團，搓圓後放於造型壓模內，按壓平整後即可入烤箱，烤熟後再脫模，可以維持烘烤過程中，麵團不易變形。

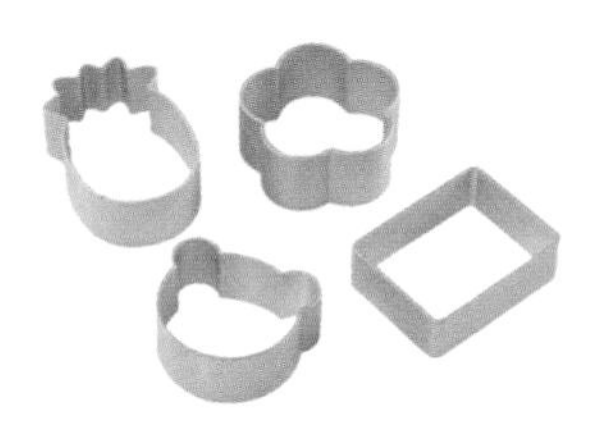

餅乾造型壓模

將餅乾麵團擀壓平整後，使用餅乾造型壓模，可以按壓出許多可愛的餅乾圖案，可以增加餅乾的可愛程度。

圈圈模

可以用來當做餅乾壓模，也可以用來製作司康的圓形壓模，亦可用來製作瓦片餅乾，是一款用途非常廣且好用的模具。

塔模、派模

可以用於塔皮、派皮的製作及烘烤。

烤模

圓形中空烤模、圓形蛋糕烤模、長型蛋糕烤模、正方形烤模、造型蛋糕烤模，這些是屬於蛋糕烘烤的模型，有些也可以應用於造型麵包。

工具類

橡皮刮刀（攪拌匙）

選擇耐熱、富彈性的器具，可以用來攪拌以及混合糊狀食材，使之均匀。

打蛋器（攪拌器）

打散蛋液並將液態食材混合均勻。

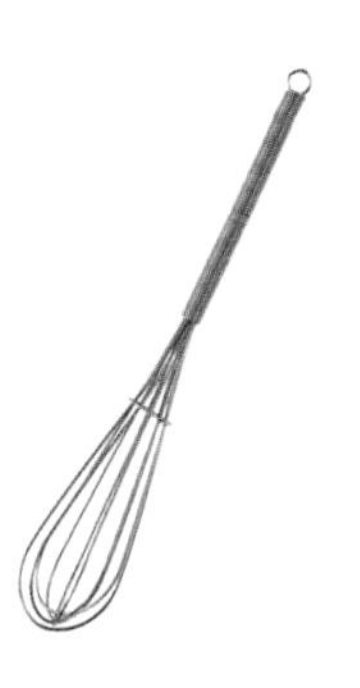

電動攪拌器

可任意調節速度，以及替換不同用途的攪拌轉頭，像是使用低速可以用來攪拌麵糰，而這本書內的食譜，主要是使用於蛋糕製作，用攪拌器當打發蛋白所使用的器具。

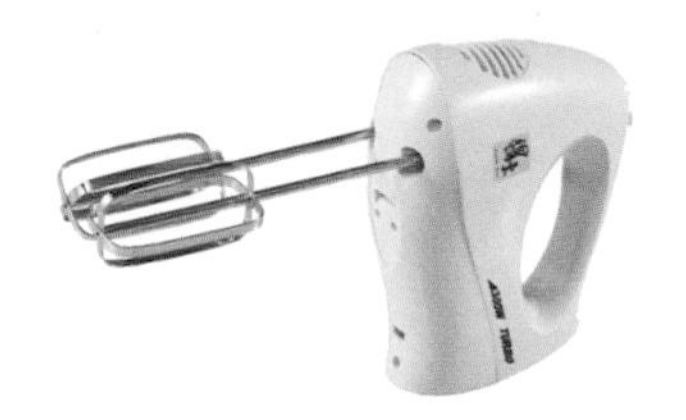

鋼盆

用以盛裝混合食材的器具。

擀麵棍

用以擀平麵團的器具。

刷子

用以沾上液體刷於麵團表面上，像是蜂蜜、蛋黃液等，增加麵團烘烤後的光澤。

篩網

可用於篩除較大顆粒以及去除雜質，留下均質的粉類，這樣在製作過程中粉類和液體混合時較不易結塊，容易攪拌均匀。

果汁調理機

主要用以攪打蔬果汁，但用於烘焙領域，也可以將食材攪打成漿狀，便於操作。像是堅果與鮮奶打成堅果奶，或是穀類和優格攪打成漿狀、柳橙與其他液態食材攪打成均質的漿狀等步驟，都可以借助果汁調理機的便利操作性，來達到食材均質化的方式。

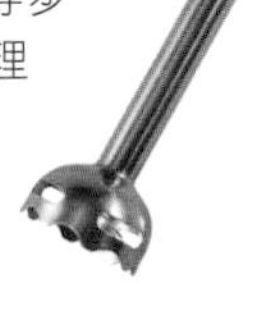

執行減醣烘焙計劃——
1.慎選「穀類」

烘焙領域的三大靈魂是：麵粉、糖、油脂，執行減醣烘焙計劃時，麵粉類可以用穀類來替換。一般烘焙時大家習慣使用精製白麵粉來製作，但其實用全穀食物來取代精製白麵粉，更能提高烘焙製品的營養密度，讓烘焙玩出更多的創意及新食感喔！

本書裡的烘焙食譜，都是使用全穀食物來取代精製白麵粉所製作，例如：糙米、燕麥粒、傳統燕麥片、全麥麵粉、生糙米粉，也將最近很熱門的「藜麥」加入烘焙製作之中。只要發揮想像力，烘焙不再只是一條制式的公式，而是通往健康、養生、飲食藝術的一條光明道路！

NOTE 精製白麵粉可以用全麥製品、低GI值的穀類來替換，在本書P16也有介紹替換的方式，底下也特別介紹這幾種常見的全穀食物類。

全麥製品類

「全麥」即為全穀食物中的「全小麥」，擁有完整的麩皮、胚芽及胚乳三個部分，這些和市售的麵包、餅乾、蛋糕等烘焙製品所使用的麵粉，有哪些差異呢？底下讓我們先聊聊麵粉的種類，以及可以製作成的烘焙製品有哪些。

全麥麵粉

全麥麵粉VS.白麵粉介紹

種類	特色	營養
全麥麵粉	小麥經過去除最外層的外殼後所碾碎製成的，色澤偏淡褐色，多用於烘焙製品方面。	由整顆小麥研磨出來，其麩皮、胚芽、胚乳，全都包含在裡面，也就是除了蛋白質外，還富含膳食纖維、維生素B1、B2、B6、礦物質、鐵、鈣，能攝取到完整的營養素，其營養素平均高出白麵粉3倍以上。
白麵粉（精製麵粉）	小麥經過去殼、去麩皮、去胚芽的精製過程後，再經過碾壓及粉碎的步驟所製成，又可稱為「精製麵粉」。	去掉大部分富含營養的麥粒表層及胚芽，營養價值大部分是澱粉，而為了講究口感或延長保存期限，有些不肖業者會添加各種改良劑（化學添加物）。

全麥VS.精製麵粉的營養比較表

精製麵粉依其筋性的不同，分為高筋麵粉、中筋麵粉、低筋麵粉，高筋麵粉多用於各式麵包的製作，中筋麵粉則是用於饅頭、包子、麵條、中式麵粉製品等製作，而低筋麵粉多半用於製作餅乾、各式蛋糕等，不管是哪一種筋性的精製麵粉用途都非常廣泛。底下將各類麵粉和全麥麵粉營養成分，整理如下（麵粉20公克為一份主食份量）。

麵粉營養成分比較

品項		可食量（g）／一份主食	熱量（kcal）	蛋白質（g）	脂肪（g）	碳水化合物（g）	膳食纖維（g）
全麥麵粉		20.0	71.66	2.64	0.35	14.18	1.46
精製麵粉	低筋	20.0	72.72	1.62	0.24	15.64	0.40
	中筋	20.0	72.21	2.29	0.26	14.82	0.36
	高筋	20.0	72.32	2.59	0.24	14.61	0.38

品項		鈉（mg）	鉀（mg）	鈣（mg）	鎂（mg）	磷（mg）	鐵（mg）	鋅（mg）
全麥麵粉		0.29	51.87	3.77	19.22	49.86	0.59	0.43
精製麵粉	低筋	0.29	29.51	2.48	5.29	14.97	0.24	0.12
	中筋	0.73	24.97	2.33	5.75	15.17	0.18	0.14
	高筋	0.16	21.57	2.24	6.69	16.27	0.23	0.17

品項		維生素B1（mg）	維生素B2（mg）	菸鹼素（mg）	維生素B6（mg）	葉酸（ug）	維生素C（mg）
全麥麵粉		0.05	0.01	0.80	0.05	13.89	2.14
精製麵粉	低筋	0.03	0.01	0.18	0.01	8.00	1.02
	中筋	0.02	0.02	0.20	0.02	8.76	1.02
	高筋	0.02	0.01	0.23	0.01	9.72	1.00

燕麥片類

燕麥片類可以分為全燕麥粒、燕麥片，燕麥粒加工後會變成燕麥片，也依加工型態不同，有傳統燕麥片、快熟燕麥片、即食燕麥片等分別。

燕麥粒

傳統燕麥片

快熟燕麥片

即食燕麥片

全燕麥粒

以國人最喜歡的燕麥片當早餐為例，你認為全燕麥粒和燕麥片一樣嗎？全燕麥粒長得細細長長，和糙米有些相像，無法即時沖熱水食用，必須透過煮飯的步驟烹煮，是市面上加工最少的燕麥。

我很喜歡將燕麥粒和黃豆一起搭配烹煮成燕麥黃豆飯，而本書中的「燕麥糙米豆漿饅頭」（P188）就是將燕麥糙米飯融入於饅頭的製作之中，具有豐富的膳食纖維且營養密度高，是非常有特色的養生粗糧饅頭。

傳統燕麥片

將整粒的燕麥粒去除外殼後，再經過蒸煮、碾壓、烘烤成完整片狀，這種燕麥片介於「需煮」及「免煮」之間，可以熱水浸泡5～10分鐘則可軟化進食，若想要用鍋子滾水煮成燕麥粥也是不錯的方式，亦可用於烘焙製作。

本書介紹的香蕉可可燕麥糕（P72）、燕麥果乾餅乾（P108）、十穀優格免柔山形吐司（P168）、紫薯燕麥核桃歐包（P172）、酸甜檸檬塔（P118）、當季水果塔（P122）、蘋果肉桂塔（P126）的塔皮，以及鹹派（P130）的派皮，就是選用傳統大燕麥片烘焙製作而成，可以保留更多完整燕麥的營養價值。

快熟燕麥片

燕麥粒去除外殼後，依照各廠商的製作流程不同，保留的麩皮及胚芽的程度也不同，會再以鋼刀將燕麥粒切塊後，進行後續的蒸煮、碾壓及烘烤等步驟，增加了加工步驟，讓燕麥片較為細緻，便於快速食用。

即食燕麥片

即食燕麥片的加工步驟更為多項，藉由鋼刀將燕麥切得更細，組織較快熟燕麥片細緻，幾乎熱水一沖泡，就可以立即食用的商品。

燕麥片營養比較表

下頁列出各式燕麥片的營養比較表，看完後或許你會想問，較細緻的即食燕麥片不是很好嗎？因為讓燕麥片很快就糊化了，應該比較好消化吧？的確，對於腸胃狀況不好的人來說，細燕麥片確實比較好消化，但是對於需要控制血糖的人來說，細燕麥片或是三合一含糖燕麥片，反而是容易升血糖的食物。

傳統燕麥片、即食燕麥片的原料皆來自於燕麥粒，為何GI值會有所不同呢？因為即食燕麥片屬於高升糖指數（高GI值）的食物，而含糖三合一麥片更是不利於血糖控制，它們的「食品加工的程度」、「食物膳食纖維的含量」等因素，皆會影響到升血糖的速度，**因此你會發現一個重點：越精製的食物，通常GI值也較高！**

燕麥粒VS燕麥片比較表

項目	燕麥粒	傳統燕麥片	快煮燕麥片	即食燕麥片
形狀、外觀	完整穀物顆粒狀	完整大片燕麥片	不完整片狀燕麥片	細碎片狀燕麥片
結構	保留完整麩皮、胚芽及胚乳	保留完整麩皮、胚芽及胚乳	依各個廠牌的製作有所不同，保留的麩皮、胚芽及胚乳程度略有不同。	依各個廠牌的製作有所不同，保留的麩皮、胚芽及胚乳程度略有不同。
加工程度	少	少	中	多
加工步驟	去除外殼	去除外殼、蒸煮、碾壓、烘烤	去除外殼、鋼刀切塊、蒸煮、碾壓、烘烤	去除外殼、鋼刀細切、蒸煮、碾壓、烘烤
膳食纖維含量	高	高	中～高	中
GI值	較低	較低	低～中	高
食用方式	以煮飯的方式烹煮即可，無法直接食用。	熱水沖泡5～10分鐘即可食用，或是用滾水煮3～5分鐘。	熱水沖泡3～5分鐘即可食用。	熱水或是溫水沖泡可以立即食用。
飽足感	足夠	足夠	適中	適中
口感	咬食起來非常有彈性，燕麥香氣十足。	泡軟後吃起來有些嚼勁，吃得到燕麥香氣。	泡軟後濕潤，較容易咀嚼。	泡軟後軟爛，好香食。
購買方式	雜糧行、有機店、大型超市	一般超市、有機店、大型超市	一般超市	一般超市、超商

藜麥（超級穀類）

近年來非常火紅的穀類「藜麥」，擁有穀類中「紅寶石」的美名，對於人體的健康具有哪些加分的效果呢？藜麥，原是南美洲印地安人的主要糧食作物，其營養成分之中，蛋白質可以媲美動物性蛋白質的胺基酸組成，其含量也是穀類之首，故對於蛋白質種類攝取來源有限的素食者來說，是非常好的一種穀物選擇。對於一般人來說，藜麥本身除了蛋白質含量豐富外，其礦物質及維生素的種類及含量亦豐富，是可以用來取代精製白米飯的穀類食物。

在這本書裡，我將藜麥食物，融入於一般日常飲食之中，例如早餐類可選擇鮪魚蔬菜藜麥捲餅（P208）或藜麥果乾免揉小餐包（P164），午餐類可以食用薑黃菇菇蛋藜麥球壽司（P198），點心類則食用藜麥松子司康（P221），甚至晚餐也可選擇藜麥十穀飯等，一種食物可以有多種變化喔！

三色藜麥

屬南美洲品種的藜麥，依色澤、風味有所不同而分為三種：白藜麥、紅藜麥及黑藜麥，現在也有廠商會混搭販售，所以也可以聽到「三色藜麥」的名稱。以營養價值而言，三者之間差異不大，但普遍度及烹煮時間稍有差異。

三色藜麥

三色藜麥比較表

品種	普遍度	烹煮時間
白藜麥	最為常見	烹煮時間較短
紅藜麥	數量較少	介於白藜麥與黑藜麥之間
黑藜麥	數量較少	烹煮時間較長

NOTE 藜麥本身的成熟度會影響到烹煮的時間，成熟度越足夠，越容易烹煮。紅藜麥因煮熟的色澤狀似一顆顆紅寶石，所以非常適合用於需要點綴的菜餚，更增添食慾。

紅藜（台灣藜）

台灣原生種的藜麥，傳統稱為紅藜，而在2008年正名為「台灣藜」，是台灣原住民耕作百年以上的傳統穀物，種植範圍於台灣東部的花蓮縣、台東縣及屏東縣為主。現在台灣原生種的藜麥不再稱為紅藜，而是台灣藜，可以用以和南美洲品種的紅藜做區分。

台灣藜的熱量較低，膳食纖維非常豐富，礦物質及維生素亦豐富，相較於精製白米飯或是白麵條來說，營養密度高，對於患有三高的現代人而言，膳食纖維可以延緩血糖上升的速度，屬於低GI食物，有助於血糖的控制。除此之外，膳食纖維遇水可形成凝膠狀，能夠吸附多餘的油脂也能和膽固醇做結合，並由糞便中做代謝，有助於血脂肪的調節，對於想減重的人來說，是不可多得的完美穀物。

紅藜（台灣藜）

台灣藜特色

- **富含膳食纖維**：具有飽足感，除了讓你在減重過程中不因饑餓感而想放棄，也可以幫助腸胃道的蠕動，有助於排便順暢以及腸道保健。
- **有營養的甜菜色素**：台灣藜所富含的美麗顏色是甜菜色素，這種色素多半出現在甜菜根、紅火龍果、紅莧菜等，本身具有抗氧化、抗發炎及抗癌等功效。
- **多酚類含量高**：含量遠遠超過一般的穀類食物，多酚類具備許多抗氧化的功效，可以清除血管壁上的自由基攻擊，維持血管彈性，更可以抗發炎等，對人體健康的維持有很大的益處。

藜麥VS.全穀食物營養比較表

台灣藜營養價值高於三色藜麥，以三大營養素來看，台灣藜的脂肪和碳水化合物含量低於三色藜麥，蛋白質含量的部分則和三色藜麥差異不大；但以膳食纖維含量來看，台灣藜遠勝三色藜麥兩倍之多；而在礦物質部分，鈣、鐵、鈉、鎂這幾種礦物質的含量，皆是台灣藜高於三色藜麥。

不過台灣藜鉀含量較三色藜麥高，若民眾本身有腎功能不好的健康問題時，則須避免大量且高頻率地攝取藜麥。但也別太過於緊張地看待，因為以一般現代人高油高鹽的飲食模式，是非常適合在主食的選擇上來攝取一些藜麥，無論是台灣藜或是源自於南美的三色藜麥皆適合。

底下我將精製白米以及常見的全穀食物、台灣藜以及藜麥之間做營養成分的比較，此表格不同於以往的表格，以往常見的表格大多以100公克為基準，但事實上這樣的比較方式會容易讓人產生誤會，因此以下的表格整理是以一份主食的概念為基準去整理出來的，也提供一份的食物大小向大家做說明，希望能更一目了然。

藜麥的營養小叮嚀

除了上述的營養益處之外，藜麥本身也含有豐富的鎂，國人的鎂普遍攝取不足，但其實鎂的攝取和骨質疏鬆之間有著密切的關係。鎂攝取不足，則會提高骨質疏鬆的風險，而富含鎂的食物以綠色蔬菜、堅果類、糙米和燕麥等居多。

以同樣一份主食來看，台灣藜的鎂含量更勝於糙米和燕麥約三倍的含量，鎂能夠防止血管收縮及反彈擴張所造成的偏頭痛情形，而其能夠放鬆血管的特性，更有助於減少高血壓發生的機率。

常見全穀食物營養比較

全穀根莖類	南美藜麥	台灣藜	白米	糙米	燕麥粒
一份主食重量（g）	20	20	20	20	20
食物大小說明	1／8米杯量	1／8米杯量	1／8米杯量	1／8米杯量	1／8米杯量
熱量（kcal）	73.6	59.66	70.6	70.8	81.21
水分（g）	2.66	2.03	2.86	3.08	2
蛋白質（g）	2.82	5.19	1.4	1.48	2.18
脂肪（g）	1.21	0.78	0.12	0.56	2.04
碳水化合物（g）	12.83	9.7	15.54	14.62	13.49
膳食纖維（g）	1.4	3.52	0.04	0.48	1.71
鈉（mg）	1	4.76	0.8	0.6	0.78
鉀（mg）	112.6	705.6	14.8	54.6	58.53
鈣（mg）	9.4	128.02	1.2	2.6	5.05
鎂（mg）	39.4	68.04	3.8	21.2	21.69
磷（mg）	91.4	83.54	9.8	31.4	58.39
鐵（mg）	0.91	2.22	0.04	0.12	0.76
鋅（mg）	0.62	0.91	0.28	0.36	0.41

十穀米與八寶米

除了單一的穀物攝取之外，若能同時攝取到多樣的全穀食物，更可以有效率吸收各式營養成分，且膳食纖維的種類及比例也不相同，有助於腸道維持良好菌相，一整天下來，可以比攝取精製米飯或澱粉，吃到更足夠的膳食纖維、礦物質及維生素B群。

這本書裡，我將「十穀米」以及「八寶米」運用於飯糰、壽司料理之外，更進一步將其融入饅頭、歐式麵包等烘焙的製作之中，我最引以自豪也是我最喜歡的一款吐司類型，就是「十穀優格免揉山形吐司」，這是將十穀米飯和大燕麥片等多種全穀食物與無糖優格攪打成全穀優格漿，取代麵包製作配方中的液體部分，出爐的山形小吐司，放涼切片後，沾羅勒橄欖油一起享用，是味覺也是嗅覺的一大饗宴，若不提有添加全穀米飯的話，一般人很難想像十穀米飯也能做成歐式麵包吧？

透過這種創意的烘焙方式，讓烘焙變得好玩且有趣，有別於一般的白吐司，這可以大幅度提高膳食纖維及礦物質的部分，這些都是現代人所欠缺的營養素。

十穀米

這本書裡所使用的十穀米，包括糙米、燕麥粒、黑糯米、綠豆、紅扁豆、黑麥仁、蕎麥仁、珍珠大麥、小米、小麥等共十種穀物，一次能同時享用多種穀物。同樣是一碗飯，十穀飯和白米飯可是營養成分大不相同呢！

曾有營養衛教患者問我：「營養師，糙米飯比白米飯好，那我可以多吃一碗嗎？」相信這也是許多人的疑問，糙米飯和白米飯熱量差異不大，也就是說一碗白米飯的熱量280大卡，糙米飯也是差不多的熱量，但是糙米飯卻多了很多對身體有益處的營養素。因此若多吃糙米飯的話，相對的熱量一樣會隨之增加，所以**就算再好、再優質的食物，食用時仍要「適量」。**

八寶米

那麼書中所使用的八寶米，又和十穀米的差異在哪裡呢？這裡的八寶米，含有藜麥、糙米、燕麥粒、黑麥、小米、珍珠大麥、蕎麥、紅扁豆這八種穀物，且你會發現八寶米之中無黑糯米。因為糯米澱粉結構的關係，會使得血糖上升較為快速，屬於高GI值食物，故有血糖問題困擾的人，會較適合食用這種無糯米的多種穀物配方，但食用時一樣要注意攝取量，並非低GI值食物就代表可以多吃唷！

十穀米

八寶米

其他根莖主食類

本書中我也會分享許多根莖類主食相關的食譜，像是運用番薯、南瓜等食材，做出紫薯燕麥核桃歐包（P172）、南瓜玫瑰全麥饅頭（P184）等，都可以增加歐式麵包及饅頭的營養價值。

番薯

番薯含有豐富的膳食纖維、礦物質及維生素等，相較於精製麵粉來說有更多的營養價值；但若有腸胃道狀況不好的民眾，番薯的攝取必須適量勿貪多，否則可能會造成脹氣、腸胃道不舒服等問題。而需要控制血糖的人，若攝取了番薯，則其他主食的份量就要相對減少。常見的番薯種類可分為台農57號、台農66號、紫心番薯（芋心地瓜），底下分別介紹。

番薯比較表

品種	特色
台農57號	最為常見，黃皮黃肉，嚐起來口感佳，盛產期為秋季，適合蒸、煮、烤或是用於烘焙製作上面。
台農66號	紅皮紅肉，甜度稍高，胡蘿蔔素的含量也是番薯界排名數一數二的，盛產期為春夏，適合蒸、煮、烤，也很常用於中西式糕餅點心的製作。
紫心番薯（芋心地瓜）	較為少見，含有豐富的花青素、微量元素及膳食纖維，也因為肉色為色澤美麗的紫色，故常使用於烘焙製作，也可以進一步加工為紫薯粉，製成紫薯圓、冰皮月餅或是糕餅的內餡、饅頭等，變化很多，能增色也能提高食慾。

南瓜

番薯與南瓜常會被相提並論，兩者皆屬於根莖類主食，但營養成分仍有不同，南瓜本身的營養價值非常高，不僅南瓜肉可食用，南瓜皮蒸熟了更建議一起吃，因為膳食纖維及微量元素更豐富。此外，南瓜籽曬乾後或烤乾後也可食用，含有豐富的不飽和脂肪、維生素E、鋅等營養素，對於攝護腺也有保健效用。無論是南瓜或是番薯，都是可以用以取代精製米飯和麵食的好主食、好醣、好澱粉。

番薯VS.南瓜營養比較表

以90公克的南瓜為一份主食來看其營養成分，底下將其和上述的三種番薯一同做比較（番薯60公克為一份主食量）如下表。

● 番薯及南瓜的營養成分（以一份主食為計量）

名稱	南瓜（帶皮）	黃肉番薯	紅肉番薯	芋心地瓜
可食重量（公克）／份	90	60	60	60
熱量（kcal）	63.22	64.35	69.11	73.39
水分（g）	72.64	44	42.78	41.67
碳水化合物（g）	14.59	14.81	15.43	17.07
蛋白質（g）	1.81	0.65	1.15	0.63
脂肪（g）	0.19	0.1	0.13	0.07
膳食纖維（g）	2.02	1.44	1.43	1.7
鈉（mg）	1.39	29.43	24.12	52.21
鉀（mg）	391.04	166.32	187.35	163.07
鈣（mg）	12.71	24.02	16.68	19.51
鎂（mg）	16.72	14.42	13.84	13.47
磷（mg）	43.54	20.77	32.08	26.91
鐵（mg）	0.48	0.29	0.27	0.67
鋅（mg）	0.28	0.15	0.17	0.18
維生素B1（mg）	0.07	0.05	0.06	0.01
維生素B2（mg）	0.06	0.02	0.02	0.02
菸鹼素（mg）	1.1	0.31	0.36	0.3
維生素B6（mg）	0.31	0.14	0.08	0.07
葉酸（ug）	29.83	7.49	9.91	10.4
維生素C（mg）	13.87	11.39	15.06	12.08
維生素A（I.U.）	3755.11	82.32	8061.59	—
維生素E（mg）	0.7	0.16	0.17	0.09

執行減醣烘焙計劃——
2.慎選「油脂」

站在健康的角度，我不鼓勵頻繁或是大量攝取甜食，主要是因為精製麵粉、精製糖以及飽和脂肪高的奶油所製成的甜點，是非常不利於三高的代謝以及體重的控制，但若改變甜點所使用的食材，替換成非精製且富含膳食纖維的全麥麵粉或是生糙米粉，將精製糖的部分換成麥芽糖醇、椰棕糖、蜂蜜、楓糖等不錯的糖，或是一些水果像是蘋果、香蕉等，都可以提供烘焙製品的甜味來源。

至於奶油的部分建議替換成耐高溫且相對穩定的植物油，像是橄欖油、玄米油、酪梨油或是適量椰子油等，就可以將傳統的甜點，翻轉成健康甜食及點心了！底下的內容我會介紹在本書的烘焙食譜裡，所使用的幾種油脂。

● 常見食用油之脂肪酸組成

食用油	飽和脂肪（%）	不飽和脂肪酸（%）		發煙點（℃）	用途／備註
		單元不飽和脂肪酸	多元不飽和脂肪酸		
橄欖油	15.5	71.4	10.9	160～210	●涼拌、小火炒、煎、烤。 ●富含單元不飽和脂肪及橄欖多酚，有助於心血管疾病的預防。 ●冷壓初榨橄欖油適合溫度為160度，最高可耐到190度。 ●精製橄欖油則可較耐高溫至210度。
玄米油	19.2	40.0	35.0	210～250	●耐高溫，但不建議超過攝氏200度以上使用，易破壞多酚物質。 ●富含植物固醇、γ（gamma）-Oryzanol，降低膽固醇及抗氧化的作用，有助於心血管的保健。
酪梨油	13.3	77.8	8.9	220～270	●可耐高溫，但不建議超過攝氏200度以上使用，易破壞多酚物質。 ●豐富的維生素E，對於細胞具有抗氧化作用。 ●富含單元不飽和脂肪，有助於心血管疾病的預防。
椰子油	82.0	6.0	2.0	177～232	●耐高溫，油品穩定。 ●極高比例的飽和脂肪，攝取過量，會提高罹患心血管疾病風險。
葡萄籽油	10.7	18.6	70.1	216～250	●耐高溫，但不建議超過攝氏200度以上使用。 ●涼拌、小火炒、煎、烤。
苦茶油	10.5	82.0	6.6	252	●涼拌、小火炒、煎、烤、炸。 ●富含單元不飽和脂肪，有「東方橄欖油」之稱，有利於心血管疾病的預防。 ●耐高溫，但不建議超過攝氏200度以上使用，易破壞多酚物質。 ●苦茶油有特殊香氣，多半用於料理方面，烘焙少使用。
葵花油	10.7	23.3	64.9	107～232	●涼拌、小火炒、煎、烤、炸。
奶油	73.0	24.4	2.6	177	●小火炒、烤。 ●飽和脂肪比例高，攝取過量，會提高罹患心血管疾病風險。

橄欖油

橄欖油，是地中海飲食中最具代表性的食用油，可以預防心血管疾病的發生，種種對於健康的益處，讓它榮登台灣目前使用最廣泛的食用油品。在開始說明橄欖油的好處之前，我們要先了解脂肪酸的種類。

脂肪酸可以分成兩大類，一種是飽和脂肪酸，另一種是不飽和脂肪酸，而不飽和脂肪酸之中，又可以依脂肪酸碳鏈之間雙鍵的數目做區分，一種是單元不飽和脂肪酸（僅含有單一個雙鍵），另一種則是多元不飽和脂肪酸（含有數個雙鍵）。

飽和脂肪比例高的油品，容易造成體內膽固醇的濃度上升，進而增加心血管疾病的風險，雖然近期有一些研究發現，飽和脂肪並非那麼的萬惡不赦，但仍需要有更多強而有力的證據加以佐證，不然攝取過多的飽和脂肪，滿足了口慾，卻賠上了健康，多划不來呀！

橄欖本身為一種「油果」，以低溫冷壓方式可壓出第一道營養價值珍貴的橄欖油，又可稱為「特級冷壓初榨的橄欖油（ExtraVirgin）」，其含有豐富的植化素，也就是「橄欖多酚」物質。橄欖多酚為一抗氧化物質，能夠幫助清除血管內壁的自由基，減少自由基攻擊血管內膜的機會，且因為其富含單元不飽和脂肪酸，有高達75%以上的比例。

平時若攝取較多的飽和脂肪酸食物，容易造成體內膽固醇的濃度上升，但若換成以「橄欖油」做料理烹調，則可以降低膽固醇的濃度，甚至是可以減少低密度脂蛋白膽固醇（LDL-c）（俗稱壞膽固醇）的濃度，進而預防心血管疾病的發生。

橄欖油挑選方式

在眾多橄欖油品之中，建議可以選擇營養密度高且未精製的冷壓初榨橄欖油為佳，坊間可能有此一說「冷壓初榨橄欖油不可以

關於油品的小知識

- **飽和脂肪酸（動物油）：**常見的動物性油脂，像是豬油、奶油等，飽和脂肪酸的比例可高達八成，於室溫或是低溫下是呈固態的。攝取過多的話，容易導致心血管、慢性疾病。
- **多元不飽和脂肪酸（植物油）：**主要油品為大豆油、葵花油、葡萄籽油、玉米油。可以提供人體無法自行合成的必需胺基酸，有助清除膽固醇，但高溫烹調之下，易有脂質過氧化物的產生。
- **單元不飽和脂肪酸（植物油）：**主要油品為橄欖油、酪梨油、芥花油、苦茶油，可以降低體內壞膽固醇的含量。
- **未精製油：**指的是用冷壓方式將油脂從種子中壓榨出來，這類油脂的發煙點低，不適合過於高溫的烹調方式。雖然這類油脂較能避免化學添加物對健康的危害，但是大多只適合涼拌低溫水炒，若想高溫煎炸，可以選擇發煙點較高的未精製油脂，例如：酪梨油、苦茶油等等。
- **精製油脂：**是以高溫、高壓等方式，除去讓油品不穩定的水分、雜質等物質，耐高溫炒炸，可長時間保存。這類油脂精製後，天然營養素已流失，若是使用較差的有機溶劑提煉，恐有化學或有毒物質殘留的疑慮。

高溫烹調」，這裡我想幫冷壓初榨橄欖油平反一下，冷壓初榨橄欖油的高比例單元不飽和脂肪酸成分，相較於多元不飽和脂肪酸高的油品（像是玉米油、黃豆油等）來說，穩定性較高，發煙點也有190度以上，所以可適用的料理方式很廣泛。

當然，若你將冷壓初榨橄欖油拿來大火炒或是油炸，的確是相當不妥，反而會浪費了冷壓初榨橄欖油的抗氧化好處，還不如就買精製的橄欖油做使用。

橄欖油烹調選擇

哪種料理方式最適合冷壓初榨橄欖油呢？建議佐生菜涼拌使用，或是烤義式蔬菜、佐麵包直接沾取享用、淋在番茄蔬菜湯內食用等，都可以讓橄欖油發揮地淋漓盡致。冷壓初榨的橄欖油依品種、產地不同，聞起來有果香味也有嗆鼻的味道。

冷壓初榨橄欖油搭配

- **果香味的橄欖油**：口感及氣味較溫和，很適合和蔬果做搭配。
- **嗆味的橄欖油**：很適合和海鮮、肉類或是蒜頭洋蔥一同做料理，更可以帶出橄欖油的香氣。

烘焙時的橄欖油選擇

烘焙領域的橄欖油，像是蛋糕及餅乾類的點心製作，我會選用第二道稍微精製過的橄欖油，油品的香氣較不搶味，適合用於製作甜點。為什麼不選用冷壓初榨橄欖油呢？當然也是可行的，但就會建議選用含有果香品種的橄欖油會較為適合；而若是製作義式佛卡夏或比薩等類型的烘焙製品，我則會選用冷壓初榨的橄欖油當做首選油品，無論是風味和品質都是非常合適的。

本書裡介紹的十穀優格免揉山形吐司（P168），就可以將小吐司切片後，沾取拌有冷壓初榨橄欖油的蘿勒醬，非常好吃且對味喔！

壽滿趣／BOSTOCK紐西蘭進口系列橄欖油

採用頂級橄欖製成，甚至還有原味、松露、蒜香等多種口味，不僅能守護全家人的健康，還讓你能依各種料理方式，選擇最適合的橄欖油。

玄米油

玄米油（Rice Bran Oil），又稱為米糠油。米糠油曾是台灣早期國人普遍使用的油品，但因民國67年的米糠油多氯聯苯中毒事件，讓這個好油在台灣市場銷聲匿跡，若能避免油品在加工過程被多氯聯苯所污染，事實上「米糠油」是個不可多得，且值得推廣的一款好油。

這裡所說的「玄米」其實就是我們所認知的「糙米」，稻米的構造大致可以分為三個部分，最外層的稻殼、中間層的米糠層（麩皮及胚芽），以及內層的白米（胚乳），而這米糠層包含米糠以及米胚芽，稻米之中最精華的營養成分就是集中在這米糠層內，含有豐富的蛋白質、脂肪、維生素B群、維生素E、礦物質及膳食纖維等，以及對人體健康有益的「植物固醇」及「'Y（gamma）-Oryzanol」，其中玄米油的脂肪酸組成，不飽和脂肪比例佔75～80%（其中單元不飽和脂肪酸將近40%，多元不飽和脂肪酸則佔35%）。

玄米油的營養價值

相較於其他多元不飽和脂肪酸高的植物油（像是葵花油、葡萄籽油等）來說，在高溫之下，玄米油較為穩定，也適合烘焙的烤箱溫度（介於攝氏150～180度）。再者，玄米油內所含的「植物固醇」，由於其結構類似於膽固醇，身體難以辨識兩者，因可藉由攝取足夠的植物固醇，來達到身體減少膽固醇的吸收，已有許多科學研究證實植物固醇對於心血管疾病的預防保健功效，甚至美國FDA更指出，每日攝取1.3公克植物固醇可以降低總膽固醇及低密度脂蛋白膽固醇（LDL-c）濃度，進而減少罹患冠狀動脈粥狀硬化的風險。

此外，「'Y（gamma）-Oryzanol」本身也是很強的抗氧化劑，可以減輕脂質過氧化的程度，也可以減少自由基對於血管內膜的攻擊，進而有助於心血管的保養。

通常烘焙所使用到的溫度多半為攝氏150～180度，較少會超過攝氏200度，而玄米油本身可耐高溫至少攝氏210～250度左右，但其實「高溫」對於多元不飽和脂肪比例高的油品來說，是非常不穩定的因素，就以植物油中的葡萄籽油舉例來說明，其多元不飽和脂肪酸比例高達70%，即使可以耐高溫，但相對也會產生較多的自由基或是過氧化物質等。但**玄米油的多元不飽和脂肪比例約35%，以烘焙的溫度來看，可以耐高溫且較不容易產生過多的自由基等有害物質。**

聰明選對油脂健康料理

- 有些人會説，那麼這樣葡萄籽油是不是不好的油品？但其實有時候必須連使用者的烹調習慣一併考量進去，不同的烹調油溫會有其適合的油品，像是葡萄籽油即使可耐高溫，仍建議盡量以較低溫烹調的方式料理，就可以攝取到其帶來的身體益處。
- 至於烘焙的領域上，有許多人會利用椰子油取代奶油的使用，主要是因為椰子油的飽和脂肪酸比例高達82%，相較於其他的植物油來説，在高溫之下相對地穩定。但是站在健康的角度來看，飽和脂肪比例如此高，非常容易造成血中膽固醇濃度的上升，進而提高心血管罹患的機率。
- 因此沒有一項油品是絕對完美的，全看你是如何使用，**建議盡量避免從頭到尾使用單一油品**，我也推薦更棒的油脂攝取，就是「以堅果取代部分食用油」，你會獲得更多意想不到的收穫喔！

酪梨油

酪梨曾經被金氏世界紀錄評價為營養價值最高的水果，而一般民眾可能也常把它當成水果食用，但事實上，酪梨的油脂含量很高，在六大類食物中歸類為油脂類，因此酪梨也成為榨油的良好來源。這個近年來熱門程度僅次於橄欖油的油品新寵，在脂肪酸的組成方面，有高達77.8%的單元不飽和脂肪，而飽和脂肪及多元不飽和脂肪比例皆低，在適量的攝取之下，可以幫助調節生理機能，是現代人緊張和速食文化環境下的體質調整首選。

除此之外，酪梨油也含有豐富的脂溶性維生素A及E，可以滋潤皮膚角膜的部分，對於身體的細胞膜更是具有抗氧化的保護作用；再者酪梨油對於皮膚的滲透性很好，不僅可當成烹調料理的油脂，更可以製作手工皂滋潤皮膚，還能做為冬季的皮膚保養霜等用途。

至於將酪梨油用於料理方面，由於其發煙點落在攝氏220～270度，可耐高溫，但不是很建議拿酪梨油油炸，低溫烹調還是健康飲食所要強調的訴求。若是用於烘焙料理中，因烘烤餅乾或是磅蛋糕的溫度，大多都低於200度以下，故也可以將這個有「森林奶油」之稱的酪梨油，巧妙地運用於烘培領域，製作出健康的點心。

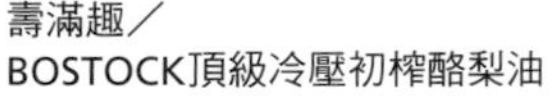

壽滿趣／
BOSTOCK頂級冷壓初榨酪梨油

紐西蘭原裝進口，含有20顆酪梨完整營養，口感如奶油般滑順的健康好油。

堅果

這本書的烘焙食譜內，我使用很多堅果當做素材，堅果在六大類食物之中，屬於油脂類，建議每日飲食的油脂來源，至少一份來自於堅果類的油脂更佳。堅果類的營養成份會比單純的食用油更多元化，除了含有一半以上豐富的不飽和脂肪酸之外，更含有維生素A、E、B群、鉀、鈣、鎂、磷以及鋅、硒、錳、銅、硼等微量元素，也含有20%的植物性蛋白質，甚至還有豐富的膳食纖維，因此每日攝取適量的堅果，將有助於身體健康。

目前有許多研究證實堅果對人體的益處，特別是在調節血脂肪的部分，進而去預防心血管疾病的發生。對於素食者來說，堅果的攝取可以獲得較為足夠且多元的蛋白質來源，而堅果內的油脂及蛋白質皆有助於腦細胞的發育，維生素A及E皆是很強的抗氧化維生素，能避免腦細胞被自由基所攻擊，且堅果內的微量元素也有助於提升腦部的靈活度以及認知能力，進而去預防失智症的發生。

因此即使是牙口狀況不好的長者，食用堅果時，只要搭配優質的豆漿及南瓜，利用果汁機一同攪打，馬上就可以搖身一變，成為營養密度極高的豆漿南瓜堅果飲，同樣可以提供給長者足夠的養分。

堅果的種類眾多，常見的堅果為核桃、腰果、杏仁果、松子、南瓜籽、胡桃、夏威夷豆等，至於哪種堅果最好，其實各有各自的優點，建議可以廣泛攝取各種堅果，但要以「適量」為原則，如此一來，就能獲得各種堅果對人體的益處。以等重量的堅果來看，其特色如下。

常見堅果特色

- **杏仁果**：這個是膳食纖維、鈣質最豐富的堅果。
- **夏威夷豆**：是單元不飽和脂肪最豐富的堅果。
- **核桃**：是Omega-3最豐富的堅果。

外食族建議採多樣化攝取油脂

現代人幾乎餐餐外食，紅肉攝取的比例太高或是市售的麵包、蛋糕、餅乾來者不拒，導致飽和脂肪攝取過多，對心血管保養有益的單元不飽和脂肪則是攝取不足，就很容易產生脂肪酸比例失衡等問題。美國心臟協會建議油脂攝取比例為「飽和脂肪：單元不飽和脂肪：多元不飽和脂肪=24%：46%：30%」。

但事實上，天然界很少有油品符合這完美比例，頂多玄米油的脂肪酸組成接近於此比例，因此若為外食族的你（外食所料理的食用油多半為多元不飽和脂肪Omega-6高的油脂，像是大豆沙拉油、葵花油等），建議飲食計畫之中採以下多樣化的方式攝取油脂，會比較健康喔！

1. 至少一餐使用橄欖油、苦茶油、酪梨油、芥花油等（富含單元不飽和脂肪）做料理。
2. 一天一小把綜合堅果（富含單元不飽和脂肪酸）。
3. 多吃魚或是多補充魚油（富含多元不飽和脂肪Omega-3）。

執行減醣烘焙計劃——3.慎選「甜味來源」

烘焙領域裡常使用的「糖」和米飯、麵食的「醣」兩者究竟有何不同呢？「糖」與「醣」皆是由「碳、氫、氧」三元素所組成的化合物，故皆屬於廣義的「碳水化合物」範疇，但兩者在碳水化合物內的分類不同，對於身體的生理反應也不盡相同。

世界衛生組織於2015年3月發布相關規定「精製糖建議攝取量應低於攝取總熱量的10%」，並**建議各國在經過社會各界的共識之下，將精製糖攝取量降低至攝取總熱量的5%**。而台灣的部分，在106年5月份，政府廣徵各界的專業意見，也明文規定出精製糖的建議攝取量，應低於攝取總熱量的10%。

而以成年男性每日攝取熱量2000大卡來看，精製糖的攝取熱量應低於200大卡，又以每一公克的糖可提供4大卡熱量計算，每日精製糖的攝取量應低於50公克；若以女性的每日攝取熱量1600大卡做計算，精製糖的攝取量則是應低於40公克。若是以總熱量的5%為精製糖的建議攝取量的話，會更加嚴格，男性約為25公克，女性則為20公克。

NOTE 根據國健署日前調查市售的含糖飲料的資料顯示，台灣國人最喜愛的珍珠奶茶，以700c.c.「全糖珍珠奶茶」來說，內含有將近65公克的精製糖，若喝一杯700c.c.就已經超過建議攝取量了，實在不得不慎！

糖類

在烘焙世界裡，似乎沒有了甜味，就不算是甜點，而「糖」就是烘焙製品中的靈魂，但為什麼會一直強調要少吃糖呢？到底「糖」對於我們的身體有什麼影響呢？這裡米字邊的「糖」是泛指「碳水化合物」中的「單醣」及「雙醣」，像是吃起來有甜味的葡萄糖、砂糖（蔗糖）、麥芽糖、黑糖、蜂蜜等，我會把它歸類成「精製糖」的部分，主要會出現在各式烘焙製品，如蛋糕、餅乾、麵包、中西式糕點等，或是糖果、含糖飲料、含糖優酪乳、冰淇淋、果凍等。

吃下這些含糖食品之後，會造成血糖劇烈地上升，使得胰島素快速分泌來因應這些上升的血糖，讓體內的血糖再度回復正常水平，但相對地，胰島素也有其他的生理作用，對於脂肪方面的影響有兩大作用：

1.胰島素會去促進脂肪的合成。

2.胰島素會去抑制脂肪酶的活性，使得脂肪分解速度非常緩慢，進而抑制脂肪組織釋放脂肪酸。

因此喜歡喝含糖飲料或是吃甜食的朋友們，**過多的「精製糖」會轉換成脂肪囤積起來，長期下來，這些脂肪會堆積在你的腹部以及內臟，形成蘋果型肥胖**。更是有研究發現，蘋果型肥胖相較於梨子型肥胖（脂肪囤積於臀部及大腿），有更高的風險罹患糖尿病或是新陳代謝相關的疾病。

醣類

米飯、麵食中的「醣」，則是泛指「碳水化合物」中的「多醣類」，也就是常見的澱粉食物，因此在口腔、小腸內的澱粉酶，會將澱粉分解成許多葡萄糖小分子，接著由小腸絨毛吸收，進而去影響血糖，所以澱粉食物若是越精製的話，所含有的膳食纖維越少，上升血糖的速度越快，這就是我前面章節所提到「升糖指數」就會越高。

膳食纖維其實也是屬於「醣」類的一份子，又可稱為「非澱粉性多醣」，是植物細胞壁與細胞間質的成分，在人體的消化道中，無法被體內的消化酵素所分解，也無法提供熱量，但卻可以在腸道內發揮許多生理功效。

人體真正需要的是營養密度高且膳食纖維含量豐富的「全穀根莖類食物」這些「醣」類食物，可以讓血糖是緩慢上升的模式，並可用來做為人體所需的主要能量來源，而非「精製糖」所帶給身體的負面影響，因此精製糖的攝取量以及食品內的添加量，理當應被規範。

糖類的種類有很多，像是海藻糖就屬於天然甜味劑，GI值與蔗糖相同，但甜度卻較低，聰明選糖將讓我們吃得更健康。

糖VS醣的分類與差異

碳水化合物種類					
分類	單醣（屬於精製糖）	雙醣（屬於精製糖）	寡醣	多醣	
化學結構	由單一單醣構成。	由兩個單醣構成。	由三至十個單醣構成。	由十個以上的單醣所構成。	
名稱	葡萄糖、果糖、半乳糖等。	麥芽糖、蔗糖、乳糖等。	果寡醣、棉仔醣、水蘇醣等	澱粉、肝醣等。	膳食纖維、菊醣、幾丁質等。
舉例說明	葡萄糖、豐年果糖等。	砂糖、黑糖、冰糖等。	豆漿內的寡醣以「棉仔醣和水蘇醣為主」，無法被腸胃道分解，易形成脹氣的主因。	全穀食物、根莖類澱粉（像番薯、馬鈴薯、山藥、南瓜等）、麵粉、米飯等。	膳食纖維豐富的全穀根莖類及蔬果、菊芋、蝦蟹殼含有幾丁質。
備註	市售手搖杯含糖飲料多半使用的糖為「高果糖糖漿（High fructose corn syrup, HFCS）」又可稱為「高果糖玉米糖漿」，而這種用於含糖飲料的糖漿，裡頭55%比例為果糖，果糖的生理代謝路線雖不同於葡萄糖，不影響血糖的上升，但若攝取頻率高，非常容易造成脂肪肝，更何況高果糖糖漿不單單只有果糖，甚至有42%的比例是葡萄糖。因此，含糖手搖飲料不僅不利於血糖控制，也容易造成脂肪肝等健康問題。				

選對「甜味劑」，控制好血糖

精製糖對於人體的生理及新陳代謝影響的層面很廣，對於患有糖尿病的民眾來說，更是深怕踩到地雷，就會影響劇烈。我是一名糖尿病衛教師，在面對糖友時總是會被問到：「我是不是以後不能再吃一些點心，連自己煮的紅豆湯都不能喝了嗎？」其實我也一直在想這個問題，若只是單純建議糖友少吃糖之外，難道沒有其他的替代方式了嗎？

當然是有的，「甜味劑」其實某種程度上面解決了糖友們偶爾想吃甜的口慾，而我們常聽到的可樂中所添加的阿斯巴甜，或是口香糖中所添加的木糖醇等，都屬於「代糖」，並且是「甜味劑」的其中一種分類。

常見甜味劑分類表

分類	名稱	熱量（公克）	適用範圍	使用限制
天然甜味劑	山梨醇	3大卡	本品可於各類食品中視實際需要適量使用。	●限於食品製造或加工必須時使用。 ●嬰兒食品不得使用。
	木糖醇	2.4大卡		
	麥芽糖醇	2.1大卡		
	赤藻糖醇	0.2大卡		尚無規定。
	甘草素	2.8大卡		不得使用於代糖錠劑及粉末。
	甜菊醣苷	1.0大卡	●可使用於瓜子、蜜餞及梅粉中視實際需要適量使用。 ●可使用於代糖錠劑及其粉末。 ●可使用於特殊營養食品。 ●可使用於豆品及乳品飲料、發酵乳及其製品、冰淇淋、糕餅、口香糖、糖果、點心零食及穀類早餐，用量為0.05%以下。 ●可使用於飲料、醬油、調味醬及醃製蔬菜，用量為0.1%以下。	使用於特殊營養食品時，必須事先獲得中央主管機關之核准。
人工合成甜味劑	阿斯巴甜	幾乎零熱量	可於各類食品中視實際需要適量使用。	限於食品製造或加工必須時使用。
	糖精	幾乎零熱量	●可使用於瓜子、蜜餞及梅粉。 ●可使用於碳酸飲料。 ●可使用於代糖錠劑及粉末。 ●可使用於特殊營養食品。 ●可使用於膠囊狀、錠狀食品。	使用於特殊營養食品時，必須事先獲得中央主管機關之核准。
	環己基（代）磺醯胺酸鈉	幾乎零熱量	●可使用於瓜子、蜜餞及梅粉。 ●可使用於碳酸飲料。 ●可使用於代糖錠劑及粉末。 ●可使用於特殊營養食品。 ●可使用於膠囊狀、錠狀食品。	
	醋磺內酯鉀	幾乎零熱量	可於各類食品中視實際需要適量使用。	●使用於特殊營養食品時，必須事先獲得中央主管機關之核准。 ●生鮮禽畜肉類不得使用。
	紐甜	幾乎零熱量		使用於特殊營養食品時，必須事先獲得中央主管機關之核准。
	蔗糖素	幾乎零熱量		

左頁整理出甜味劑的分類，閱讀時較能理解台灣目前甜味劑分類情形。

甜味劑是賦予食品甜味的一種食品添加劑，依其來源可以分為「天然甜味劑」及「人工合成甜味劑」；按其營養價值，則可以分為「營養性甜味劑」及「非營養性甜味劑」。而像我們先前討論的葡萄糖、果糖、砂糖、黑糖、蜂蜜等，都屬於糖質的天然甜味劑，但因長期被人們食用，通常被視為天然食物原料，而在台灣國內不做為食品添加劑的其中一種。

甜味劑來源種類

- **天然甜味劑**：木糖醇、山梨醇、甘露醇、麥芽糖醇、赤藻糖醇等，皆屬於天然甜味劑的範疇。
- **人工合成甜味劑**：阿斯巴甜、糖精、醋磺內酯鉀、紐甜、蔗糖素等，這些糖類的甜度很高，所提供的熱量幾乎為零，且不參與身體的代謝過程，屬於「非營養性甜味劑」領域，但不建議做為甜味劑的首選來源。

本書裡所使用的糖，皆無使用人工合成甜味劑，故不在此加以著墨。

用6大好糖取代「精製糖」

本書裡會用許多好糖，來取代「精製糖」製作烘焙食物，這些糖類或許你覺得很陌生，但其實在網路上或各大有機商店都買得到，詳細購買方式可翻至P194、P219查詢。

常見糖之甜度表

名稱	甜度
蔗糖	100（做為基準）
果糖	173
葡萄糖	64
麥芽糖	46
蜂蜜	97
楓糖漿	64
海藻糖	45

常見糖之升糖指數（GI值）比較表

名稱	來源／組成	特性	GI值	備註
砂糖	甘蔗精煉而成，成分為兩個葡萄糖所構成。	當做食品甜味的來源以及提供熱量，無特殊功能性。	100～110	不利於糖友的血糖控制，亦不建議減重者食用。
冰糖	甘蔗精煉而成，成分為兩個葡萄糖所構成。	養分最少 精煉度最高（99.9%），幾乎不含任何礦物質。	110	甜度較砂糖低。
黑糖	甘蔗製作而成，成分為兩個葡萄糖所構成。	甘蔗榨汁以小火熬煮，富含維生素及鈣、鐵、鎂等礦物質，屬溫補食材。	93	攝取過量，會造成糖友血糖控制欠佳，而且不利於減重。
椰棕糖	椰子樹的花提煉而成。	富含維生素及礦物質，具有椰子香氣。	35	美國糖尿病協會推薦糖友使用的糖，建議可取代砂糖做為甜味來源。
海藻糖	澱粉液經酵素作用、濃縮、結晶、再乾燥等步驟而製成。	當做天然甜味劑，同時具有保濕及澱粉抗老化特性，亦可當做食品添加劑。	100	GI值和蔗糖相同，但甜度為蔗糖的45%，甜度較低。
楓糖	楓樹汁液提煉。	富含維生素及礦物質，且熱量較砂糖低。	73	GI值以及熱量皆低於砂糖，可以適量使用，當做砂糖的替代品。
蜂蜜	蜜蜂採花蜜再收集而成，成分為35%葡萄糖以及40%果糖組成。	富含維生素、礦物質、酵素、多種植物多酚及抗氧化物質。	88	GI值以及熱量皆低於砂糖，可以適量使用，當做砂糖的替代品。
果糖	單醣。	甜度最高的一種單醣。	30	果糖雖不容易升高血糖，但卻直接進入肝臟做代謝，攝取過多則容易造成脂肪肝。

1.麥芽糖醇

這本書裡有許多的甜點製作，是**以「麥芽糖醇」取代「精製糖」**。麥芽糖本身為雙醣，是由兩個葡萄糖（單醣）所構成，而麥芽糖醇則是經由麥芽糖在高壓下加氫製成的一種糖醇類，因具有獨特的功能性，故在日本、美國、歐洲等國家皆已廣泛地推廣使用。

麥芽糖醇本身的口感和蔗糖類似，但甜度是蔗糖的80%，一公克的蔗糖可提供4大卡的熱量，而麥芽糖醇僅提供2大卡，且由於麥芽糖醇在小腸的吸收特別緩慢，故**不太會造成血糖上升，因此適合糖尿病患及需要體重控制的民眾適量使用**，但不宜大量食用（每日食用量50公克以下），否則易造成腹瀉的情形產生。另外，麥芽糖醇等這些糖醇類的甜味劑，由於無法被口腔內的細菌做為利用，故可以預防齲齒的發生。

麥芽糖醇可溶解於48.9度以上的熱水，和蔗糖一樣烘焙之後有梅納反應（簡言之就是醣類和蛋白質產生反應，如蛋糕烘烤後的烤色），因此麥芽糖醇可用於烘焙製作的領域，但因為一般酵母菌是利用葡萄糖、麥芽糖等糖類進行發酵，所以**若使用麥芽糖醇製作歐式麵包或饅頭的話，則會建議使用「低糖酵母」**，較不影響酵母發酵的過程，也會發酵的比較好。

麥芽糖醇
赤藻糖醇
椰棕糖

2.赤藻糖醇

赤藻糖醇，是一種四個碳的糖醇類，在自然界中存在於水果及菇類，也存在於許多發酵產品，但濃度通常很低，目前食品工業上是由葡萄糖或蔗糖經過酵母菌發酵而成。其甜度約為蔗糖的60～70%，熱量幾乎為「0大卡」，更是讓許多嗜甜但又想體重控制的女性趨之若鶩！

這幾年也有許多人將其運用在甜點之中，但因赤藻糖醇的口感吃起來有清涼感，用於烘焙製品並沒有那麼的合適。但若是夏天想要製作清涼的果凍或是飲品，選用赤藻糖醇就會非常適合，也符合其清涼感的特性喔！

因此越了解糖之後，你會更清楚地將不同的糖運用於適合使用的領域，舉例來說，夏天想要製作清涼的果凍或是飲品，選用「赤藻糖醇」就會非常適合；而像是做戚風蛋糕的步驟之中，打發蛋白是必要步驟，使用「麥芽糖醇」就能讓打發的蛋白更加穩定、不易消泡喔！

NOTE 麥芽糖醇、赤藻糖醇這兩種糖醇類甜味劑，和以往我們常聽到的Zero可口可樂所使用的無熱量阿斯巴甜的人工甜味劑完全不同。人工甜味劑用於動物試驗上，發現恐有健康危害的風險，但在人體試驗上則需要非常大量的攝取量，才有可能有類似的危害，故不鼓勵長期食用人工甜味劑。但是若偶爾少量攝取的情況下，無須過於恐慌。

3.椰棕糖

椰棕糖（Coconut Palm Sugar）又簡稱為「椰糖」, 椰棕糖是由椰子樹（屬於一種棕櫚樹）的花蜜採集以及提煉而成，狀似黑糖，口感有些許椰香，但升糖指數GI值僅有砂糖（蔗糖）的三分之一（GI值約為35），熱量約為3.3大卡／公克，因此非常適合糖友們酌量使用，況且含有豐富的礦物質，像是鐵、鎂、維生素B等。

在使用方面，可以將椰棕糖取代黑糖，較可以更有效率的控制好血糖。美國糖尿病協會（American Diabetes Association）**更建議糖友可以選擇椰棕糖當做健康的代糖，來取代砂糖的使用**。這本書內的食譜，像是糙米芝麻奶酪、桂圓杯子蛋糕、燕麥糙米豆漿饅頭、八寶豆渣豆漿饅頭、十穀優格免揉山形吐司、胡蘿蔔椰糖司康、甜塔的塔皮、燕麥果乾餅乾、黑豆糙米蛋糕、枸杞紅棗磅蛋糕等都有使用喔！

椰棕糖那獨特的椰子香氣，透過烘焙的製作過程，變得溫和且柔順，賦予味蕾全新的體驗，能創作出與眾不同的烘焙作品。但建議適量使用即可，不要因為椰棕糖屬於低升糖指數而大量使用，否則攝取過多依舊會囤積成脂肪而變胖喔！

4.黑糖

黑糖又稱為「紅糖」，經過甘蔗榨汁之後，以小火熬煮5～6小時，待水分蒸發、濃縮、冷卻等步驟而製成。因其精製程度較低，保留較多的維生素及礦物質，特別是鈣、鉀、鐵、鎂等，15公克的黑糖即含有70毫克的鈣質，相較於砂糖而言，是屬於營養密度較高的糖。

以中醫的角度來看，黑糖是溫補食材，非常適合女性在生理期食用黑糖，可讓經血排出較為順暢，也可以緩解經痛的情形，主要是因為黑糖所含的鈣與鎂，能發揮鎮靜及放鬆的效果，而鐵質則能回補所流失的經血，避免貧血的發生或是因缺鐵而感到疲累。

黑糖

但對於糖尿病友而言，黑糖是屬於高升糖指數（GI值為93）的糖，因此不宜攝取過量，建議攝取量最好還是不超過總熱量的10%為佳。書裡介紹的「糙米黑糖發糕」，則是使用黑糖當做一部分的甜味來源，是一款非常適合過年過節喜氣的糕點代表。

5.海藻糖

海藻糖這幾年也常應用於烘焙或是甜點的領域，它主要由兩個葡萄糖以不同於蔗糖的鏈結方式而構成的雙醣，但屬於非還原糖，因此若用於烘焙製作，與胺基酸或是蛋白質作用時，不會產生梅納反應（即是褐變反應），也就是不會有麵包、蛋糕的烤色產生。

海藻糖廣泛存在於動植物與微生物之中，目前是澱粉液經由酵素作用、濃縮、結晶、再乾燥等步驟而製成，可用做食品添加劑或是當天然的甜味劑使用，其**甜度僅有蔗糖的45%，每公克3.6大卡，但升糖指數和蔗糖相同**。許多人將海藻糖用於烘焙製作時，會因為其甜度不高，反而添加太多，但其實它的熱量僅比砂糖低一些，且升糖指數高，糖尿病患在選用其當甜味劑時，仍須特別留意「使用量」，不然血糖可能仍舊會控制不好。

此外，海藻糖除了當甜味劑之外，其對於食品的保濕性佳，也對於澱粉具有抗老化的特性，故常用於食品加工的添加劑用途。這幾年海藻糖除了食品加工用途、烘焙點心的製作之外，醫療方面也可以替代血漿蛋白做為生物製品、疫苗的穩定劑，甚至到了化妝品、泡澡劑或是農業花卉園藝等範疇，台灣國內也較多人開始使用其當做甜味劑，但因海藻糖價格不便宜，所以一般居家烘焙製作尚未廣泛的使用及推廣。

6.蜂蜜

蜂蜜是蜜蜂從花朵中採得的花蜜，在蜂巢中釀製而成的蜜，為半透明、帶有光澤且濃稠的淡黃色液體。由於氣候、溫度、環境，都會影響花期，一隻蜜蜂要採集200萬朵以上的花蜜，才能產出500公克的蜂蜜，因此蜂蜜的產量彌足珍貴，所以市面上才會流通著許多的「假蜜」或是「合成蜜」。

中醫認為，蜂蜜性味甘、平，具有滋補強身、排便順暢的功效，而蜂蜜本身的營養價值高，其組成內35%為葡萄糖、40%為果糖，屬於單醣的領域，可以直接被人體吸收，對於營養狀況不好或是瘦弱的腎病年長者而言，適當攝取蜂蜜，可以快速獲得能量恢復體力。

相較於精製的砂糖來說，蜂蜜含有豐富的酵素、維生素B群及豐富的微量礦物質，一公克的蜂蜜約可以提供3.2大卡的熱量，是

壽滿趣／TaylorPass紐西蘭進口蜂蜜

紐西蘭原裝進口蜂蜜，採非人工餵養、無抗生素，產品皆經過濃度及食品安全認證，是值得推薦的蜂蜜品牌！

種營養密度高的食用糖，更有許多科學研究指出，蜂蜜具有改變菌叢生態，有助於病後補養身體的效果。除此之外，蜂蜜本身也含有許多植物多酚及抗氧化成分，有助於維持健康，調節生理機能。

蜂蜜因其特殊的甜蜜風味，常使用於烘焙的領域，而此書內的「燕麥果乾餅乾」食譜也添加了適量的蜂蜜，更增添燕麥餅乾的風味，只要靈活運用，蜂蜜相較於砂糖來說，會是一種具有保健效用且營養密度高的好糖，但畢竟蜂蜜還是屬於食用糖，吃多了終究會肥胖，攝取時要適量喔！

如何辨別真假蜂蜜？

坊間有許多魚目混珠的假蜂蜜，將少許真蜜摻入水分、混入果糖所製成，大家一定會有很多疑問，要如何分辨「真假蜂蜜」，以下我將幾點判別方式整理如下。

Q	NG
搖晃蜂蜜水有泡泡是不正常的？	蜂蜜水在搖晃之後，會產生混濁的泡泡，且泡沫細緻不容易消泡的話，純度越高；越清澈透明，一下子就消泡的話，就可能是假蜜。
蜂蜜滴於餐紙巾上，有水分擴散的話是正常的？	蜂蜜滴在餐紙巾上，容易暈開的話就是含水量較高，可能有加水的嫌疑；滴在餐紙巾上呈現完整珠狀，沒有被餐紙巾吸收的蜂蜜品質較佳。
低溫下，蜂蜜有結晶是不正常的？	在冷藏的情況下（低於攝氏14度以下），純度高的蜂蜜會有結晶析出，而假蜜則不會。真蜜的結晶較為鬆軟，可用手指捻化。
吃起來有酸味的蜂蜜為假蜜？	真蜜聞起來有淡淡的植物花香，但因為含有一些有機酸所以嚐起來會有一點淡酸味且帶點香甜；假蜜則是嚐完會帶點苦澀味，甚至酸味、化學味很重，有些假蜜為了達到真蜜酸度的要求，就會再添加檸檬酸或乳酸等。
蜂蜜有些濁色是不正常的嗎？	真蜜因含有部分胺基酸、酵素、有機酸等成份，故看起來有些混濁，但仍可以透光，不同品種的蜂蜜色澤也會有所不同，像是常見的龍眼蜜成琥珀色，荔枝蜜則顏色較淡；而假蜜的話主要是以果糖為主，色澤很清澈，但聞起來沒有淡淡花香，僅有人工香精的味道。
蜂蜜是好糖，適合每個人食用？沒有任何禁忌	蜂蜜不適合給一歲孩子食用，蜂蜜內可能含有肉毒桿菌孢子，小孩一歲前的腸道免疫系統尚未發育完全，容易造成肉毒桿菌中毒。 蜂蜜不適合與蛋白質含量高的食物（像是豆腐、豆漿等）共食，主要是因為蜂蜜內含有機酸，和高蛋白質食物會造成變性沉澱，不利於吸收。

搭配其他健康食材，讓烘焙更健康

在介紹完烘焙領域的三大靈魂：麵粉、糖、油脂後，這個單元想和大家介紹，我時常運用的幾種健康食材，這些食材不僅能提高烘焙製品的健康價值，也能讓烘焙玩出更多的創意喔！

豆漿及其副產品（豆渣）

豆漿是由黃豆（又稱大豆）所製作而成，這幾年豆漿機很熱門，只要將黃豆洗淨，放入豆漿機內，就可以快速製備好熱豆漿。但大部分人往往在製作豆漿的過程中，將「豆渣」過濾掉，殊不知你濾掉的可是對身體健康有益處的寶物呀！

「喝豆漿不濾渣」，可以調整血脂肪，豐富的膳食纖維可以和膽固醇結合進而代謝，並且也可以調節血糖的上升，屬於低升糖指數的食物。豆渣內有豐富的寡糖和膳食纖維更是有助於腸道內益生菌的生長，讓膳食纖維在腸道內進一步發酵產生短鏈脂肪酸（以乙酸、丙酸、丁酸這三種短鏈脂肪酸為主），短鏈脂肪酸除了可當做腸細胞的能量來源之外，還可以營造一個不利於壞菌生長的環境，進而改善腸道內的菌相平衡，維持良好的腸道健康，使腸道代謝活動生生不息。

腸道是消化吸收的器官，也是最大的免疫器官，全身有60～70％的淋巴組織分布於腸道內，七成以上的免疫細胞，如巨噬細胞、T細胞、NK細胞、B細胞等，集中在腸道，有七成以上的免疫球蛋白A，由腸道製造，而且用來保護腸道，所以腸道細胞代謝正常的話，有利於體內免疫系統的調節。因此要「顧好免疫系統，先從腸道保健做起！」

黃豆及豆渣

★豆渣營養價值

含水量高達85％、蛋白質3％、脂肪0.5％、醣類8％，其中醣類更含有豐富的寡糖以及膳食纖維，更包含鈣、磷、鐵等礦物質。

NOTE 豆渣以往多半和一些洋蔥、麵粉、少許肉泥等，一起攪拌成團壓成餅狀，乾煎後即成為豆渣餅的鹹食點心；而將豆渣運用於饅頭的製作，也可以擦出意外的火花，讓饅頭更鬆軟好吃！

黃豆蛋白質的胺基酸互補飲食法

除了豆渣的膳食纖維和寡糖對身體有益處之外，黃豆其內的植物性蛋白質含量平均約40％，胺基酸的組成之中，缺乏甲硫胺酸（Methionine）這個必須胺基酸。黃豆的蛋白質雖然含有必須胺基酸，但是也缺乏某一種胺基酸，所以是屬於「部分完全蛋白

PART 2

少油少甜好健康！

美味蛋糕篇

糙米蛋糕系列／創意蛋糕系列／全麥戚風系列／磅蛋糕系列

delicious cake
pyrex

營養價值

（可切6小塊／1塊約45公克）

項目	數值
熱量（大卡）	**109.5**
碳水化合物（公克）	**12.8**
蛋白質（公克）	**4.9**
脂肪（公克）	**4.3**

黑豆糙米蛋糕

這是一款我自己很喜歡且非常推薦的蛋糕，是用糙米粉來代替低筋麵粉製成的。糙米屬於全穀類食物，含有豐富的膳食纖維、維生素B群及礦物質等營養素，但它本身缺乏離胺酸，所以這裡添加了黑豆粉來互補胺基酸，吃起來口感綿密而且非常具營養價值。

黑豆屬於六大類食物中的豆魚肉蛋類，含有優質的植物性蛋白質，且其所含的脂肪有80%以上為不飽和脂肪酸，有助於膽固醇的代謝，更能進一步預防心血管疾病。此外，黑豆所含的黑豆皂素，具有抑制脂肪吸收的作用，也能阻止葡萄糖吸收轉換成中性脂肪，因而成為熱門的體重管理的保健食材。

黑豆所富含的膳食纖維不僅具有飽足感，還能延緩飲食中血糖的上升速度，更有助於緩解便祕。另外，其表皮所含有的花青素，更是很強的抗氧化物質，能夠清除自由基、避免細胞膜遭受到攻擊，達到延緩老化的保健功效，對於身體的種種好處，讓黑豆擁有「豆類之王」的美名喔！

將中式的黑豆融入西式烘焙世界之中，不僅具有特色又很健康，非常值得您動手做這個既清爽又養生的糙米蛋糕！

材料

雞蛋	3顆
生糙米粉	40公克
黑豆粉	10公克
玄米油	10公克
全脂鮮奶	50毫升
椰棕糖	15公克
麥芽糖醇	40公克

器具

器具	數量
攪拌鋼盆	2個
攪拌匙	1個
電動攪拌器	1個
篩網	1個
6吋圓形烤模	1個
烘焙紙	1張

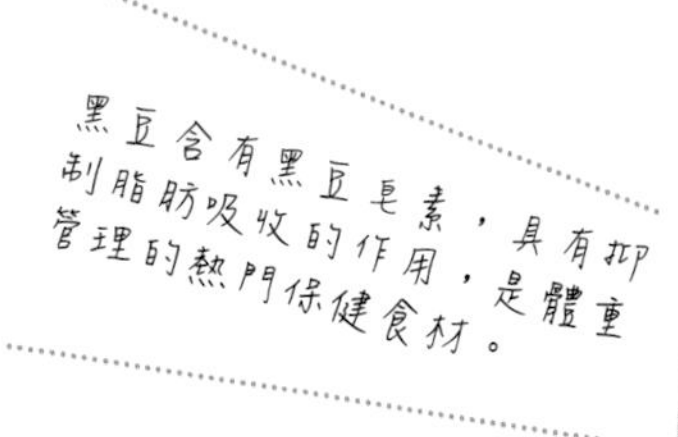

步驟

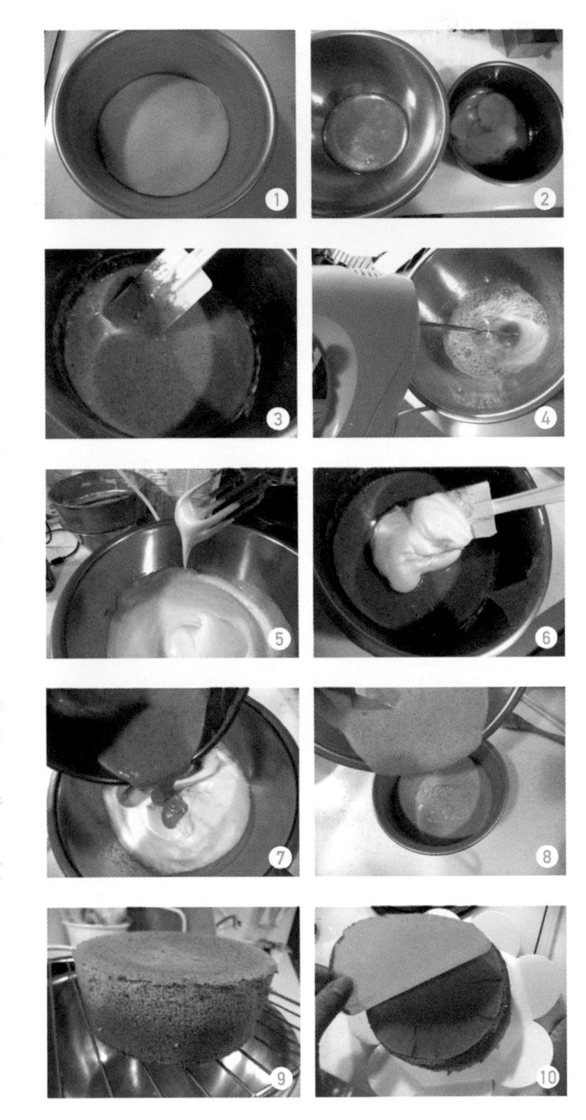

1. 將烘焙紙剪成圓形，鋪於烤模底部。接著將蛋黃及蛋白各自分開盛裝備用。（圖1～2）
2. 玄米油、蛋黃、椰棕糖於鋼盆內攪拌均勻後，再將全脂鮮奶用微波爐溫熱後倒入，接著將生糙米粉、黑豆粉一同放入鋼盆內，拌勻放旁備用。（圖3）
3. 取另一乾淨的攪拌鋼盆，倒入蛋白後，加入1／3的麥芽糖醇，先以高速攪打蛋白，使其呈大量蛋白泡沫時再加入1／3的麥芽糖醇。當蛋白泡沫變得細緻時，以低速攪打蛋白，並加入剩餘的麥芽糖醇，打到呈現濕性發泡且未達乾性發泡，即可停止攪打。（圖4～5）

   NOTE 打發蛋白時可先預熱烤箱，以上火／下火150度預熱15分鐘。
4. 先取一部分打好的蛋白拌入蛋黃全麥麵糊內，輕拌幾下即可，再將全部的麵糊倒回蛋白鋼盆內，緩慢拌勻。接著倒入6吋圓形烤模內，輕摔一下震出氣泡即可入烤箱烘烤。（圖6～8）
5. 以上火／下火150度烤15分鐘，再以上火／下火160度烤20分鐘後，接著以上火170度烤5～10分鐘上色。時間視每台烤箱爐火狀況不同，可自行調整爐溫及烘烤時間。（圖9）

   NOTE 確認是否烤熟：使用竹籤插蛋糕體中間，若竹籤上沒有沾到蛋糕，表示已烤熟。
6. 出爐後倒扣於鐵網上，放涼後再脫模，即可享用。（圖10）

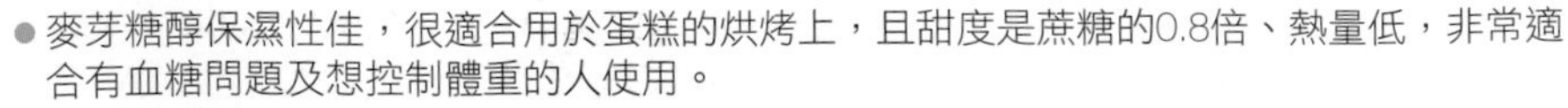

- 麥芽糖醇保濕性佳，很適合用於蛋糕的烘烤上，且甜度是蔗糖的0.8倍、熱量低，非常適合有血糖問題及想控制體重的人使用。
- 除了使用麥芽糖醇之外，這道料理也使用了椰棕糖，它屬於低GI值的醣類，升血糖速度較黑糖低許多，但維生素及礦物質含量也豐富，是糖尿病友也可以適量食用的糖。
- 這個蛋糕也可以使用6吋中空圓型烤模，若是烘焙新手的話，使用中空圓型烤模可以提高成功率唷！

營養價值
（可切6小塊／1塊約45公克）

項目	數值
熱量（大卡）	107.7
碳水化合物（公克）	11.3
蛋白質（公克）	4.6
脂肪（公克）	4.9

芝麻糙米蛋糕

黑芝麻粉富含膳食纖維及鈣質，10公克的無糖黑芝麻粉，熱量約為60大卡、鈣質有126毫克，對於現代人來說，黑芝麻補鈣雖無法當主要的來源，但卻可以當個稱職的配角。黑芝麻粉這個食材也是我常常拿來當做烘焙的材料，獨特的香氣可以讓蛋糕變得具有特色，還能提高其營養密度，是個養生的糙米蛋糕，深受許多人喜愛唷！

材料

材料	份量
雞蛋	3顆
生糙米粉	40公克
無糖黑芝麻粉	10公克
玄米油	10公克
全脂鮮奶	50毫升
麥芽糖醇	55公克

器具

器具	數量
攪拌鋼盆	2個
攪拌匙	1個
電動攪拌器	1個
篩網	1個
6吋圓形烤模	1個
烘焙紙	1張

步驟

1. 將烘焙紙剪成圓形鋪於烤模底部。接著將蛋黃及蛋白各自分開盛裝備用。（圖1～2）
2. 將玄米油、蛋黃及無糖黑芝麻粉於鋼盆內攪拌均勻後，再將全脂鮮奶用微波爐溫熱後倒入，接著將生糙米粉一同放入鋼盆內，拌勻放旁備用。（圖3）

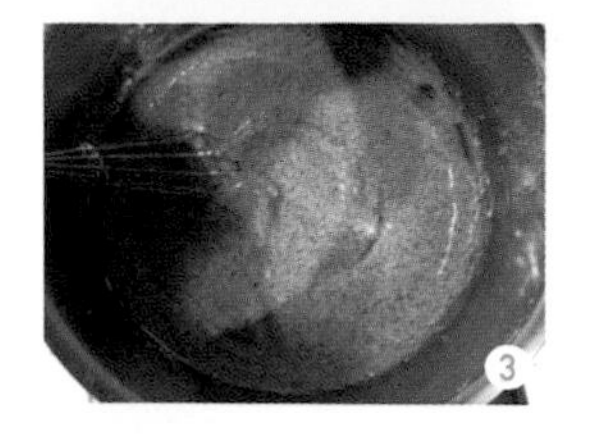

使用黑芝麻粉、糙米粉製作而成的蛋糕，低卡又具營養價值。

3 取另一乾淨的攪拌鋼盆，倒入蛋白後，加入1／3的麥芽糖醇，先以高速攪打蛋白，使其呈大量蛋白泡沫時再加入1／3的麥芽糖醇。當蛋白泡沫變得細緻時，以低速攪打蛋白，並加入剩餘的麥芽糖醇，打到呈現濕性發泡且未達乾性發泡，即可停止攪打。（圖4）

NOTE 打發蛋白時可先預熱烤箱，以上火／下火150度預熱15分鐘。

4 先取一部分打好的蛋白拌入蛋黃全麥麵糊內，輕拌幾下即可，再將全部的麵糊倒回蛋白鋼盆內，緩慢拌勻後，倒入6吋圓形烤模內，輕摔一下震出氣泡即可入烤箱烘烤。（圖5～7）

5 以上火／下火150度烤15分鐘，再以上火／下火160度烤20分鐘後，接著以上火170度烤5～10分鐘上色。時間視每台烤箱爐火狀況不同，可自行調整爐溫及烘烤時間。（圖8）

NOTE 確認是否烤熟：使用竹籤插蛋糕體中間，若竹籤上沒有沾到蛋糕，表示已烤熟。

6 出爐後倒扣於鐵網上，放涼後再脫模，即可享用。（圖9）

- 麥芽糖醇保濕性佳，很適合用於蛋糕的烘烤上，且甜度是蔗糖的0.8倍、熱量低，非常適合有血糖問題及想控制體重的人使用。
- 這個蛋糕也可以使用6吋中空圓型烤模，若是烘焙新手的話，使用中空圓型烤模可以提高成功率唷！

營養價值
（可做12個／1個約25公克）

熱量（大卡）
87.8

碳水化合物（公克）
7.3

蛋白質（公克）
1.6

脂肪（公克）
5.8

抹茶糙米瑪德蓮

瑪德蓮這款英式小蛋糕，很難有人不被它小巧可愛的外型所吸引，它很類似台灣的雞蛋糕，我自己本身也很喜歡。如果朋友來家裡拜訪（就算是臨時的來訪），只要一個小時就可以快速端上桌，我更是常做給孩子當放學的小點心。

這裡介紹的材料主要是利用生糙米粉取代精製麵粉，且因糙米粉吸水量比低筋麵粉高，吃起來反而是濕潤好入口，只要包上透明的包裝袋，馬上搖身一變，成為精美的點心伴手禮唷！

NOTE 成品可以使用食品級包裝袋，加上防潮劑包裝起來，就可以當成精美的點心伴手禮。

材料

材料	份量
雞蛋	2顆
全脂鮮奶	10毫升
麥芽糖醇	60公克
生糙米粉	70公克
玄米油	60公克
無糖抹茶粉	6公克
無鋁泡打粉	3公克

器具

器具	數量
攪拌鋼盆	1個
攪拌器	1個
攪拌匙	1個
小塑膠袋	1個
篩網	1個
油刷	1個
12連的瑪德蓮烤模	1個
小牙籤	1個

步驟

1 將生糙米粉、抹茶粉及無鋁泡打粉一同過篩備用。接著將雞蛋、全脂鮮奶及麥芽糖醇放入攪拌鋼盆內，以攪拌器攪拌均勻，再加入玄米油攪拌至乳化狀態。（圖1～3）

2 緩慢倒入已過篩粉類，利用攪拌匙拌勻後，將麵糊裝進塑膠袋內，置於冰箱冷藏半小時後再取出使用（使用時需回溫至室溫才可以烘烤）。（圖4～5）

NOTE 烤箱可先以上火／下火160度預熱15分鐘。

3 用油刷在烤模上抹些許油，再將塑膠袋邊邊剪一小角，將麵糊緩慢擠入不沾烤模內，利用牙籤將每個在烤模內的麵糊稍微攪拌一下，使內部空氣跑出來，最後輕摔一下烤模震出空氣，即可入烤箱烘烤。（圖6～8）

4 以上火／下火160度烤15分鐘，然後以上火170度烤5分鐘上色，出爐後於鐵網上放涼即可享用。（圖9）

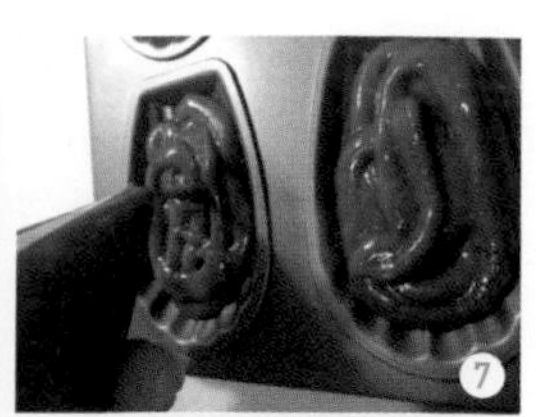

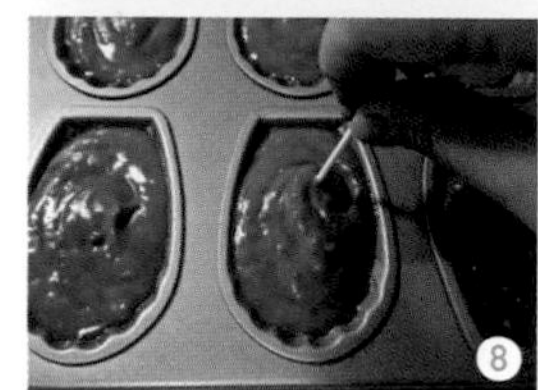

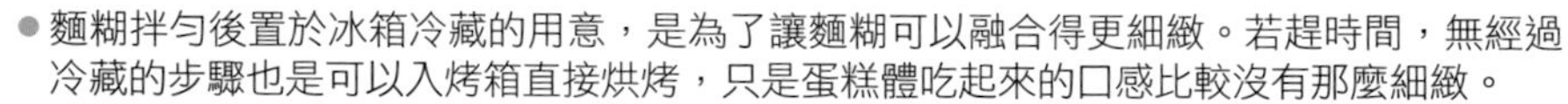

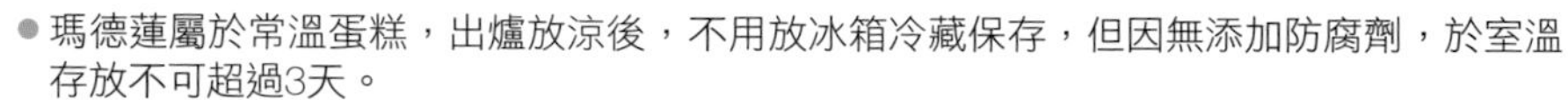

- 泡打粉主要是利用產生的氣體造成麵糊膨起，不宜添加過多量，不然可能會產生過多氣泡，烤起來的蛋糕會有很多小孔洞，使用時建議購買「無鋁泡打粉」為佳。
- 若是使用含糖的抹茶粉，則麥芽糖醇要酌量減少。
- 麵糊拌勻後置於冰箱冷藏的用意，是為了讓麵糊可以融合得更細緻。若趕時間，無經過冷藏的步驟也是可以入烤箱直接烘烤，只是蛋糕體吃起來的口感比較沒有那麼細緻。
- 瑪德蓮屬於常溫蛋糕，出爐放涼後，不用放冰箱冷藏保存，但因無添加防腐劑，於室溫存放不可超過3天。

Column 3 蛋白打發步驟中，有什麼成功訣竅呢？

蛋糕的製作過程，有一個方法是將蛋黃、蛋白分開處理，透過「蛋白打發」的步驟，進而將蛋黃麵糊撐起，於是蛋白打發的成不成功，會是西點好不好吃的關鍵。

★蛋白打發成功的訣竅

1. 蛋白和蛋黃必須分的乾淨，蛋白中不可以有任何的蛋黃存在，否則蛋白會無法打發。
2. 蛋白必須置於乾淨無油無水的光滑容器中。
3. 糖必須分次加入，有助於穩定蛋白的發泡。
4. 可以加入些許檸檬汁或是白醋等酸性物質，有助於蛋白發泡的穩定，但若沒有添加也沒關係。

營養價值
（可做12個／1個約25公克）

熱量（大卡）	碳水化合物（公克）	蛋白質（公克）	脂肪（公克）
88.2	7.4	1.6	5.8

伯爵糙米瑪德蓮

這個英式的伯爵紅茶和台式的生糙米粉巧妙的結合在一起，吃起來竟無違和感，剛烤好的瑪德蓮小蛋糕，讓整個廚房充斥著伯爵紅茶的香氣，搭配一杯熱水果茶，彷佛置身於英國，好愜意的下午呀！早餐時，煎個太陽蛋佐一些生菜，搭配伯爵糙米瑪德蓮、一杯英式早茶，就能活力滿滿地展開那充滿朝氣的早晨！

NOTE 成品可以使用食品級包裝袋，加上防潮劑包裝起來，就可以當做精美的點心伴手禮。

材料（12片）

材料	份量
雞蛋	2顆
全脂鮮奶	10毫升
麥芽糖醇	60公克
生糙米粉	70公克
玄米油	60公克
伯爵紅茶粉（或伯爵紅茶茶包1包）	4公克
無鋁泡打粉	3公克

器具

器具	數量
攪拌鋼盆	1個
攪拌器	1個
攪拌匙	1個
小塑膠袋	1個
篩網	1個
油刷	1個
12連的瑪德蓮烤模	1個
小牙籤	1個

步驟

1. 將生糙米粉、無鋁泡打粉一同過篩備用。接著將雞蛋、全脂鮮奶及麥芽糖醇放入攪拌鋼盆內，以攪拌器攪拌均勻，再加入玄米油攪拌至乳化狀態。（圖1）
2. 緩慢倒入已過篩的粉類及伯爵紅茶粉，利用攪拌匙拌勻後，將麵糊裝進塑膠袋內，置於冰箱冷藏半小時後再取出使用（使用時需回溫至室溫才可以烘烤）。（圖2～3）

   NOTE 烤箱可先以上火／下火160度預熱15分鐘。
3. 用油刷在烤模上抹些許油，再將塑膠袋邊邊剪一小角，將麵糊緩慢擠入不沾烤模內，利用牙籤將每個在烤模內的麵糊稍微攪拌一下，使內部空氣跑出來，最後輕摔一下烤模震出空氣，即可入烤箱烘烤。（圖4～5）
4. 以上火／下火160度烤15分鐘，上火170度烤5分鐘上色，出爐後於鐵網上放涼後即可享用。（圖6）

1

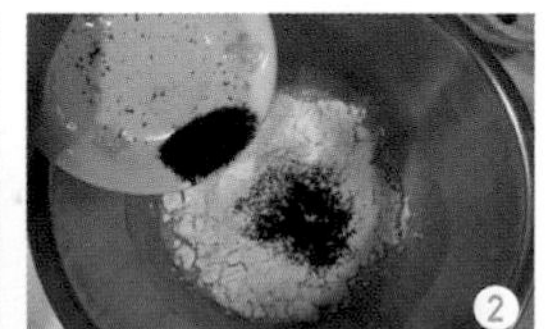
2

3

4

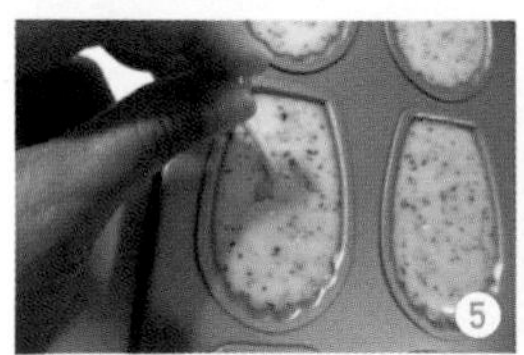
5

6

營養師小叮嚀

- 泡打粉主要是利用產生的氣體造成麵糊膨起，不宜添加過多量，不然可能會產生過多氣泡，烤起來的蛋糕會有很多小孔洞，使用時建議購買「無鋁泡打粉」為佳。
- 麵糊拌勻後置於冰箱冷藏的用意，是為了讓麵糊可以融合得更細緻。若趕時間，無經過冷藏的步驟也是可以入烤箱直接烘烤，只是蛋糕體吃起來的口感比較沒有那麼細緻。
- 瑪德蓮屬於常溫蛋糕，出爐放涼後，不用放冰箱冷藏保存，但因無添加防腐劑，於室溫存放不可超過3天。

營養價值

（可切8小塊／1塊約40公克）

項目	數值
熱量（大卡）	**83.7**
碳水化合物（公克）	**9.9**
蛋白質（公克）	**3.6**
脂肪（公克）	**3.3**

兔子糙米蛋糕

胡蘿蔔是營養價值很高的食材，倘若孩子不喜歡胡蘿蔔，那您一定要試試看這個蛋糕，因為吃不出胡蘿蔔的草味，但卻能吃進胡蘿蔔對人體的營養呢！煮熟的胡蘿蔔其內的脂溶性維生素A，很容易被身體吸收，可以幫助孩子維護視力，讓不愛吃蔬菜的孩子也能不知不覺吃到營養。除此之外，這個蛋糕還有許多膳食纖維及營養素，是營養價值很高的創意蛋糕。

材料

材料	份量
胡蘿蔔	30公克
生糙米粉	60公克
麥芽糖醇	50公克
無糖豆漿	55毫升
橄欖油	10公克
雞蛋	3顆
杏仁粉	5公克

器具

器具	數量
果汁調理機	1台
攪拌鋼盆	2個
攪拌匙	1個
篩網	1個
電動攪拌器	1個
6吋圓形烤模	1個
烘焙紙	1張

步驟

1. 蛋黃及蛋白各自分開盛裝備用、生糙米粉以篩網過篩備用。接著將烘焙紙用剪刀剪出6吋圓形烤模大小，鋪於烤模內部。（圖1～2）
2. 胡蘿蔔洗淨後削皮、切細絲，川燙八分熟後撈起瀝乾。接著將胡蘿蔔絲、無糖豆漿、橄欖油一同利用果汁攪拌機攪打均勻後，拌入蛋黃及杏仁粉，再加入已過篩的粉類，拌勻備用。（圖3～4）
3. 取一乾淨的攪拌鋼盆，倒入蛋白後，再加入1／3的麥芽糖醇，先以高速攪打蛋白，呈大量蛋白泡沫時再加入1／3的麥芽糖醇，蛋白泡沫變得細緻時，以低速攪打蛋白，並加入剩餘的麥芽糖醇，打到呈現濕性發泡且未達乾性發泡，即可停止攪打。（圖5）

NOTE 打發蛋白時，烤箱可先以上火／下火150度預熱15分鐘。

營養價值
（可做3個／½個約105公克）

熱量（大卡）
210.8
碳水化合物（公克）
24.2
蛋白質（公克）
5.9
脂肪（公克）
10.1

※½個為1人份

香橙蛋糕

我很喜歡台灣柳丁的香氣及口感，將新鮮柳丁整顆完整地和健康食材搭配，製作出來的香橙蛋糕，非常適合當生日蛋糕唷！將水果的甜味加入蛋糕體內，可以減少糖的使用量，而且柳丁屬於柑橘類，其皮富含精油，在烘烤之後，反而加強了柳丁的香氣，吃起來清爽無負擔，而且所含的膳食纖維量很豐富，非常具有飽足感，是個可以讓想控制體重的人解解饞的下午茶蛋糕。

材料

材料	份量
柳丁（去籽）	1顆
雞蛋	3顆
生糙米粉	120公克
麥芽糖醇	50公克
橄欖油	40公克
全脂奶粉	40公克
無鋁泡打粉	3公克

器具

器具	數量
果汁調理機	1台
攪拌鋼盆	1個
攪拌匙	1個
篩網	1個
造型不沾烤模（或6吋圓形烤模1個）	3個

步驟

1 柳丁洗淨，擦乾、去籽後備用。將生糙米粉及無鋁泡打粉一起過篩備用。接著將柳丁和雞蛋、橄欖油、麥芽糖醇及全脂奶粉，一起放入果汁調理機攪打至均勻狀後，倒入攪拌鋼盆內，再依序加入已過篩的粉類。（圖1～2）

2 緩慢拌勻後，將麵糊倒入準備好的塑膠袋內，袋口綁好置於冰箱冷藏 30 分鐘後備用。（圖 3）

NOTE 烤箱可先以上火／下火150度預熱15分鐘。

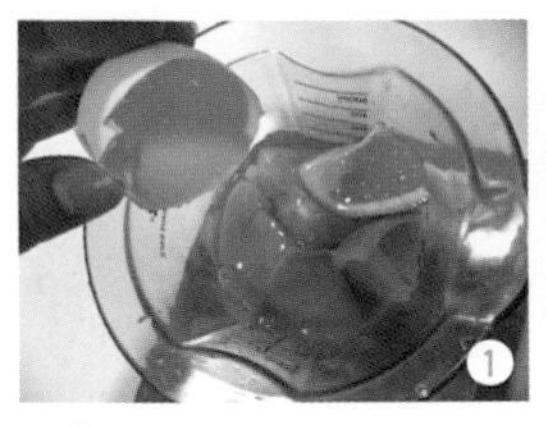
1

2

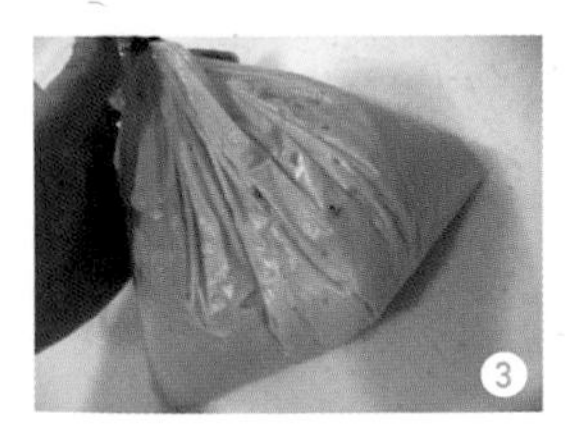
3

香橙蛋糕富含的膳食纖維量豐富，不僅美味又具有飽足感。

3 回溫15分鐘後，將袋角剪一個小洞，將麵糊擠進3個造型烤模內，輕摔一下震出氣泡即可入烤箱烘烤。（圖4～5）

4 以上火／下火150度烤20分鐘，再以上火／下火160度烤15分鐘，接著以上火170度烤5分鐘上色。時間視每台烤箱爐火狀況不同，可自行調整爐溫及烘烤時間。

NOTE 確認是否烤熟：使用竹籤插蛋糕體中間，若竹籤上沒有沾到蛋糕，表示已烤熟。

5 出爐後倒扣於鐵網上，放涼即可享用。（圖6～7）

4

5

6

7

營養師小叮嚀

- 建議使用不沾烤模，烤好後會比較好脫模。若無不沾烤模也沒有關係，只要烤模內抹上植物油，再撒上些麵粉，也具有不沾的效果。
- 麥芽糖醇用於蛋糕的烘烤，保濕性佳，很適合用來取代白砂糖，因其對於血糖的影響非常小，且熱量低，甜度則是蔗糖的0.8倍。
- 將水果的甜味加入蛋糕體內，可以減少糖的使用量，而且柳丁屬於柑橘類，其皮富含精油，在烘烤之後，反而加強了柳丁的香氣。
- 烤模較小的話，可以將麵糊倒入塑膠袋內靜置半小時後，再將麵糊擠至烤模內，會比較好操作。
- 柳丁又稱為柳橙，而香吉士是進口柳丁。台灣柳丁皮薄甜度高，進口香吉士則比較不甜，各有愛戴者。食譜裡可依你喜歡用的柳丁品種來製作，香氣會稍有不同。

Column 4

蛋白打發步驟中，什麼是濕性發泡以及乾性發泡呢？

蛋白打發依程度不同，常見可以分為兩種，一種是濕性發泡，多半用於製作天使蛋糕；另一種是乾性發泡的程度，多半用於製作戚風蛋糕。

★蛋白打發的基礎步驟

1. 將蛋白先置於無水無油的鋼盆內，利用電動攪拌器以同一方向攪打，當大泡沫出現時，將糖分次加入蛋白中，此時糖可以幫助蛋白起泡打入空氣、穩定蛋白發泡，增加蛋白泡沫的體積。
2. 蛋白一直攪打到細小泡沫越來越多，也越來越細緻時，將攪拌器舉起，仍有一些蛋白會滴垂下來，這個階段屬於「濕性發泡」。
3. 若濕性發泡繼續攪打，泡沫細緻且如絲柔般狀態，攪拌器舉起出現稍微的彎鉤狀，則是屬於介於「濕性發泡」和「乾性發泡」的程度。書中的全麥戚風蛋糕就是以此階段的蛋白發泡程度所製作。
4. 若再持續攪打，直到舉起攪拌器後，泡沫呈現堅挺的狀態，則屬於「乾性發泡」，又稱作「硬性發泡」。

New Zealand

營養價值
（可切8小塊／1塊約40公克）

項目	數值
熱量（大卡）	53.5
碳水化合物（公克）	8.9
蛋白質（公克）	2.0
脂肪（公克）	1.1

青椒巧克力糙米蛋糕

青椒營養價值高，而且富含膳食纖維、維生素及礦物質，但那獨特的氣味讓孩子們不是很喜歡，其實只要透過巧思，就可以將孩子不喜歡的蔬菜，變成創意的健康蛋糕囉！這個創意蛋糕使用了青椒、蘋果、黑巧克力，蘋果不僅可取代部分甜味，也可以蓋過青椒特殊的味道，只要搭配了巧克力，就能讓孩子慢慢地喜歡上青椒。其實加熱後的青椒氣味也沒有那麼濃烈，若不和孩子說裡面有青椒，其實還真的吃不出來呢！

除此之外，這裡還使用了糙米粉取代低筋麵粉，大幅增加膳食纖維及營養密度，吃起來低糖不膩且充滿可可香氣，是個深受孩子們喜歡的健康點心。

材料

- 青椒（去籽）……4～5片
- 蘋果……3片
- 70%巧克力（約10公克）……1小塊
- 全脂鮮奶……60毫升
- 生糙米粉……50公克
- 無糖可可粉……1小匙
- 麥芽糖醇……40公克
- 蛋白……4顆

器具

- 果汁調理機……1台
- 攪拌鋼盆……2個
- 攪拌匙……1個
- 篩網……1個
- 電動攪拌器……1個
- 6吋中空圓形烤模……1個

步驟

1 生糙米粉先用篩網過篩，放旁備用。接著將全脂鮮奶、巧克力一同以微波爐加熱融化後，與青椒、蘋果一起倒入果汁調理機內，攪打成蔬果巧克力漿（約100毫升），再倒入攪拌鋼盆內，加入無糖可可粉拌勻後，緩慢拌入已過篩的生糙米粉，攪拌均勻成蔬果巧克力麵糊後備用。（圖1～3）

1

2

3

2 取另一乾淨的攪拌鋼盆，倒入蛋白後，加入1／3的麥芽糖醇，先以高速攪打蛋白，呈大量蛋白泡沫時再加入1／3的麥芽糖醇。蛋白泡沫變得細緻時，以低速攪打蛋白，並加入剩餘的麥芽糖醇，打到呈現濕性發泡且未達乾性發泡，即可停止攪打。（圖4～5）

3 先取一部分打好的蛋白拌入蔬果巧克力麵糊內，輕拌幾下即可，再將全部的麵糊倒回蛋白鋼盆裡，緩慢拌勻後，倒入6吋中空圓形烤模，輕摔一下震出氣泡即可入烤箱烘烤。（圖6～8）

NOTE 打發蛋白時，烤箱可先以上火／下火150度預熱15分鐘。

4 以上火／下火150度烤15分鐘，再以上火／下火160度烤15分鐘，最後以上火170度烤5分鐘上色。時間視每台烤箱爐火狀況不同，可自行調整爐溫及烘烤時間。（圖9）

NOTE 確認是否烤熟：使用竹籤插蛋糕體中間，若竹籤上沒有沾到蛋糕，表示已烤熟。

5 出爐後倒扣於鐵網上，放涼後脫模，切成八等份即可享用。（圖10～11）

- 麥芽糖醇用於蛋糕的烘烤，保濕性佳，且使用麥芽糖醇取代白砂糖，因其不容易被身體所吸收，對於血糖的影響非常小，且熱量低，甜度則是蔗糖的0.8倍。
- 使用不同樣式的烤模，烤溫也會略有不同，建議視每台烤箱爐火狀況不同，調整爐溫及烘烤時間。
- 打發蛋白的攪拌鋼盆，需要無水、無油、乾淨的鋼盆才容易打發，若含有些許的蛋黃，則不容易打發成功。
- 巧克力本身油脂含量稍多，容易造成打好的蛋白消泡，故在將麵糊和蛋白拌勻的過程，要盡量放輕、放慢拌勻，以免分層，影響烤好的蛋糕口感。

營養價值
（可切6小塊／1塊約50公克）

營養成分	數值
熱量（大卡）	**119.8**
碳水化合物（公克）	**13.6**
蛋白質（公克）	**3.3**
脂肪（公克）	**5.8**

香蕉可可燕麥糕

相信大家都吃過那既邪惡又美味到令人難忘的巧克力布朗尼蛋糕，但想控制體重的人，該如何滿足那想吃甜點的口慾呢？這邊我以巧克力布朗尼為發想，設計了完全不含精製糖的甜食，利用健康簡單素材製作的香蕉可可燕麥糕，吃過的人無不舉起大拇指稱讚呢！

這個蛋糕除了可以滿足口慾外，更具有飽足感，讓你吃甜食也可以吃得毫無罪惡感！除此之外，也非常適合當做小孩的健康點心喔！

NOTE 這是口感較紮實的燕麥糕，若想吃鬆軟的燕麥糕，可以加入一小匙「無鋁泡打粉」，便能增加膨鬆的口感。

材料

- 香蕉……1根（約110公克）
- 雞蛋……1顆
- 燕麥片（大）……80公克
- 鮮奶……30cc
- 玄米油……3茶匙（15公克）
- 無糖可可粉……5公克
- 杏仁粉……20公克
- 萊姆酒……1小匙

器具

- 攪拌匙……1個
- 果汁調理機……1台
- 小鍋子……1個
- 15×15cm方形烤模……1個
- 烘焙紙……1張

步驟

1. 先於方形烤模內鋪好烘焙紙備用。接著將香蕉切小塊，並將打散的雞蛋、鮮奶、玄米油放入果汁調理機內，攪打至均勻狀後倒入鍋子裡，再於鍋內加入無糖可可粉攪拌均勻後備用。（圖1～3）
2. 依序加入杏仁粉、燕麥片及萊姆酒，拌勻後倒入烤模內，鋪平後靜置約5～10分鐘入烤箱（烤箱需先預熱170度15分鐘）。（圖4～5）
3. 以上火／下火 170度烤約15～20分鐘（可插牙籤若無沾黏即表示已烤熟）。烤熟後取出放涼切塊，即可享用。（圖6）

營養師小叮嚀

- 這個食譜製作時完全沒添加精緻砂糖，甜味僅來自於香蕉，故使用較成熟的香蕉甜度會較高。
- 製作時使用「無糖可可粉」，若使用黑巧克力的話，香氣會較濃郁但熱量相對較高。
- 添加萊姆酒的用意是要添加香氣，若無也沒關係。
- 一人份的大小為：7.5cm x 5cm x 2.5cm。

營養價值

（可做6個／1個約86公克）

熱量（大卡）	碳水化合物（公克）	蛋白質（公克）	脂肪（公克）
167.9	21.4	3.7	7.5

桂圓杯子蛋糕

桂圓杯子蛋糕是我父親很喜歡的一款小蛋糕，他不愛吃甜點，卻獨愛這一款含有龍眼乾的小蛋糕。市售的桂圓小蛋糕，含糖量高、奶油比例也不低，小小一塊熱量就直逼300大卡，因此也讓我決定製作一個適合長輩享用的懷舊小蛋糕，於是桂圓杯子蛋糕就誕生啦！

這款蛋糕是以無糖優酪乳取代坊間常使用養樂多的作法，讓口感不會過於甜膩，而糖的部分則使用麥芽糖醇取代精緻砂糖，並以低升糖指數的椰棕糖取代傳統黑糖，甚至以糙米粉取代精製的低筋麵粉，讓有血糖問題困擾的民眾，在適量的攝取之下，也可以安心地享用這個美味蛋糕。

材料

材料	份量
龍眼肉	70公克
生糙米粉	150公克
無鋁泡打粉	4公克
雞蛋	2顆
玄米油	30公克
椰棕糖	30公克
麥芽糖醇	70公克
全脂鮮奶	40毫升
無糖優酪乳	110毫升
碎核桃（烘烤過的核桃）	適量

器具

器具	數量
攪拌鋼盆	1個
攪拌匙	1個
小鍋子	1個
攪拌器	1個
烘焙紙模杯	6個
瑪芬六連烤模	1個

步驟

1. 生糙米粉和泡打粉混和均勻後，過篩備用。接著將龍眼肉泡於無糖優酪乳內，並於小鍋子內加熱，再倒入1／3麥芽糖醇使其融化後，放涼備用。（圖1）
2. 全脂鮮奶、植物油拌勻後，加入椰棕糖，以微波爐加熱使其融化，放至微溫狀態，再和龍眼乾、無糖優酪乳一起拌勻備用。（圖2～3）

市售的桂圓蛋糕熱量都很高，只要以麥芽糖醇取代精緻糖、糙米粉取代麵粉，就能做出低熱量美味的蛋糕。

1

2

3

3 接著將雞蛋置於鋼盆內，加入剩下的麥芽糖醇後，鋼盆隔著溫水，以打蛋器將蛋液打至發白程度後，分次拌入粉類，拌至無顆粒後，再和步驟2的液體一同混合均勻成麵糊。（圖4～6）

NOTE 打發全蛋液時，烤箱可先預熱170度15分鐘。

4 紙模先放入六連的烤模內，再將麵糊倒入紙模內，接著撒上適量的核桃後，放置於烤箱烘烤。以上火／下火160度烘烤30分鐘，上火／下火170度上色5分鐘，可插上牙籤測試，若無沾黏即表示已烤熟。（圖7）

5 烤熟後取出放涼，即可享用。（圖8）

營養師小叮嚀

- 核桃雖屬於油脂類，但其富含優質的不飽和脂肪酸、維生素E及許多微量元素，能夠預防心血管疾病的發生，且也由於核桃烘烤過的香氣撲鼻，常廣泛使用於烘焙料理之中。
- 這個桂圓杯子蛋糕，於烘烤前撒上碎核桃粒，對視覺及味覺都有畫龍點睛的作用唷！

wall of the dining room
rearranged itself into a
door opened, and Jessan and
moved to stand by the table
didn't sit down. Instead
drank off almost half of
her way into the bas
got the Summer Pal
in the docking bay.
ved me her labora-
st uncertain—
of what she
sister isn't
LE CREUSET

營養價值

（可切6小塊／1塊約45公克）

項目	數值
熱量（大卡）	123.8
碳水化合物（公克）	12.5
蛋白質（公克）	5.1
脂肪（公克）	5.9

可可全麥戚風蛋糕

市售的巧克力蛋糕，小小一塊往往熱量動輒好幾百卡，而這個蛋糕不僅保存了可可的香氣與美味，而且熱量更是輕盈無負擔！製作時只要熟練打發蛋白的技巧、烤爐溫度及時間的掌握，就可以烤出這個擄獲人心的健康蛋糕，讓孩子及心愛的人吃進美味與健康。

材料

材料	份量
雞蛋	3顆
全麥麵粉	50公克
無糖可可粉	10公克
玄米油	20公克
全脂鮮奶	50毫升
麥芽糖醇	60公克

器具

器具	數量
攪拌鋼盆	2個
攪拌匙	1個
電動攪拌器	1個
篩網	1個
6吋圓形中空烤模	1個

步驟

1 蛋黃及蛋白各自分開，盛裝備用。接著將全脂鮮奶、玄米油、蛋黃及無糖可可粉放入鋼盆攪拌均勻，再將全麥麵粉一同拌勻備用。（圖1～2）

2 取另一乾淨的攪拌鋼盆，倒入蛋白後，加入1／3的麥芽糖醇，先以高速攪打蛋白，呈大量蛋白泡沫時再加入1／3的麥芽糖醇。蛋白泡沫變得細緻時，以低速攪打蛋白，並加入剩餘的麥芽糖醇，打到呈現濕性發泡且未達乾性發泡，即可停止攪打。

NOTE 打發蛋白時可先預熱烤箱，以上火／下火150度預熱15分鐘。

3 先取一部分打好的蛋白拌入步驟1內，輕拌幾下即可，再將全部的麵糊倒回蛋白鋼盆內，緩慢拌勻後，倒入6吋圓形中空烤模內，輕摔一下震出氣泡即可入烤箱烘烤。（圖3～5）

4 以上火／下火150度烤15分鐘，再以上火／下火160度烤20分鐘，接著以上火170度烤5～10分鐘上色。時間視每台烤箱爐火狀況不同，可自行調整爐溫及烘烤時間。（圖6）

NOTE 確認是否烤熟：使用竹籤插蛋糕體中間，若竹籤上沒有沾到蛋糕，表示已烤熟。

5 出爐後倒扣於鐵網上，放涼後脫模，即可享用。（圖7）

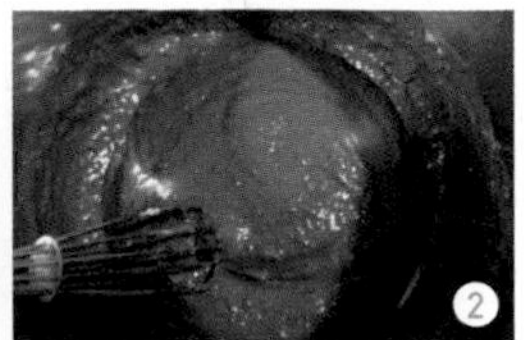

營養師小叮嚀

- 麥芽糖醇保濕性佳，很適合用於蛋糕的烘烤上，且甜度是蔗糖的0.8倍、熱量低，非常適合有血糖問題及想控制體重的人使用。
- 6吋圓形中空烤模非常適合初學者使用，因為中空烤模受熱均勻，所以成功率較高。
- 喜歡可可香氣較濃郁的人，可以將無糖可可粉增加到15公克。

營養價值
（可切6小塊／1塊約45公克）

熱量（大卡）
124.0
碳水化合物（公克）
13.4
蛋白質（公克）
5.0
脂肪（公克）
5.6

萊姆葡萄全麥戚風蛋糕

全麥戚風蛋糕的變化非常多，這裡添加的果乾是大小朋友都喜愛的葡萄乾，葡萄乾內含有豐富的礦物質及纖維，因其本身含有甜味，故製作時我們可以減少糖的比例。這裡也使用了植物油而非富含飽和脂肪的奶油，並搭配了全麥麵粉，讓整體的熱量及甜度大幅度減少，除了當做孩子的放學小點心，更可以讓牙口不好的長輩，也能於餐間沾著鮮奶或是豆漿搭配吃，是個大人小孩都能吃得健康、滿足口慾的營養蛋糕。

材料

材料	份量
雞蛋	3顆
全麥麵粉	50公克
葡萄乾	20公克
玄米油	20公克
全脂鮮奶	40毫升
萊姆酒	15毫升
麥芽糖醇	50公克

器具

器具	數量
攪拌鋼盆	2個
攪拌匙	1個
電動攪拌器	1個
篩網	1個
6吋圓形中空烤模	1個

步驟

1 將蛋黃及蛋白各自分開盛裝備用。接著將葡萄乾切細，泡在萊姆酒內約15分鐘後備用。（圖1～2）

NOTE 泡過萊姆酒的果乾，能更增添其香氣。

2 將全脂鮮奶、玄米油、蛋黃及葡萄乾萊姆酒放入鋼盆內攪拌均勻，再將全麥麵粉一同拌勻備用。（圖3～4）

3 取另一乾淨的攪拌鋼盆，倒入蛋白後，加入1／3的麥芽糖醇，先以高速攪打蛋白，呈大量蛋白泡沫時再加入1／3的麥芽糖醇。蛋白泡沫變得細緻時，以低速攪打蛋白，並加入剩餘的麥芽糖醇，打到呈現濕性發泡且未達乾性發泡，即可停止攪打。

NOTE 打發蛋白時可先預熱烤箱，以上火／下火150度預熱15分鐘。

營養價值
（可切6小塊／1塊約45公克）

項目	數值
熱量（大卡）	120.1
碳水化合物（公克）	12.2
蛋白質（公克）	5.0
脂肪（公克）	5.7

伯爵奶茶全麥戚風蛋糕

伯爵奶茶口味的蛋糕是什麼味道呢？這裡我們以全麥麵粉取代低筋麵粉，讓你吃得到淡淡的麥香和伯爵紅茶香氣。市售的伯爵奶茶蛋糕，可能是使用奶精製作而成，但這款蛋糕我們使用鮮奶沖泡而成的伯爵鮮奶茶，讓下午茶蛋糕也可以是一場味覺及嗅覺的美味饗宴，讓你吃得更健康無負擔！

材料

材料	份量
雞蛋	3顆
全麥麵粉	50公克
伯爵紅茶茶包	2個
玄米油	20公克
全脂鮮奶	80毫升
麥芽糖醇	60公克

器具

器具	數量
攪拌鋼盆	2個
攪拌匙	1個
電動攪拌器	1個
篩網	1個
6吋圓形中空烤模	1個

步驟

1. 先將80毫升的全脂鮮奶以微波爐加熱，再加入茶包泡3分鐘後撈起，接著將50毫升的伯爵奶茶放旁備用。（圖1）
2. 蛋黃及蛋白各自分開，盛裝備用。接著於鋼盆內將全脂鮮奶、玄米油、蛋黃及另一茶包內的紅茶細粉攪拌均勻，再將全麥麵粉一同拌勻備用。（圖2～3）
3. 取另一乾淨的攪拌鋼盆，倒入蛋白後，加入1／3的麥芽糖醇，先以高速攪打蛋白，呈大量蛋白泡沫時再加入1／3的麥芽糖醇。蛋白泡沫變得細緻時，以低速攪打蛋白，並加入剩餘的麥芽糖醇，打到呈現濕性發泡且未達乾性發泡，即可停止攪打。（圖4～5）

NOTE 打發蛋白時可先預熱烤箱，以上火／下火150度預熱15分鐘。

1

2

3

4

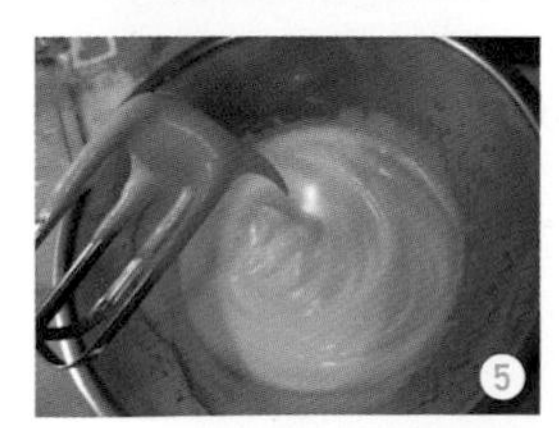
5

4 取一部分打好的蛋白拌入蛋黃全麥麵糊內，輕拌幾下即可，再將全部的麵糊倒回蛋白鋼盆內，緩慢拌勻後，倒入6吋圓形中空烤模內，輕摔一下震出氣泡即可入烤箱烘烤。（圖6～8）

5 以上火／下火150度烤15分鐘，再以上火／下火160度烤20分鐘，接著以上火170度烤5～10分鐘上色。時間視每台烤箱爐火狀況不同，可自行調整爐溫及烘烤時間。（圖9）

NOTE 確認是否烤熟：使用竹籤插蛋糕體中間，若竹籤上沒有沾到蛋糕，表示已烤熟。

6 出爐後倒扣於鐵網上，放涼後脫模，即可享用。（圖10）

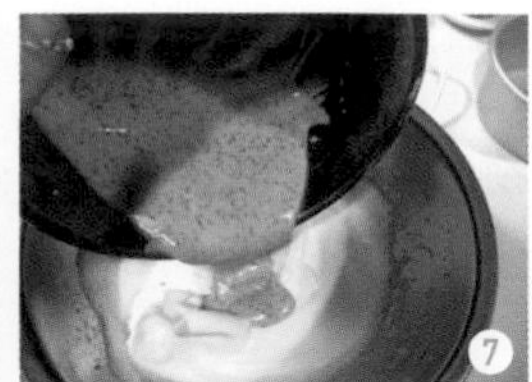

營養師小叮嚀

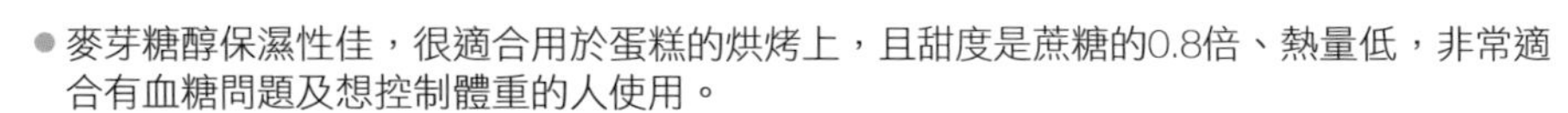

- 麥芽糖醇保濕性佳，很適合用於蛋糕的烘烤上，且甜度是蔗糖的0.8倍、熱量低，非常適合有血糖問題及想控制體重的人使用。

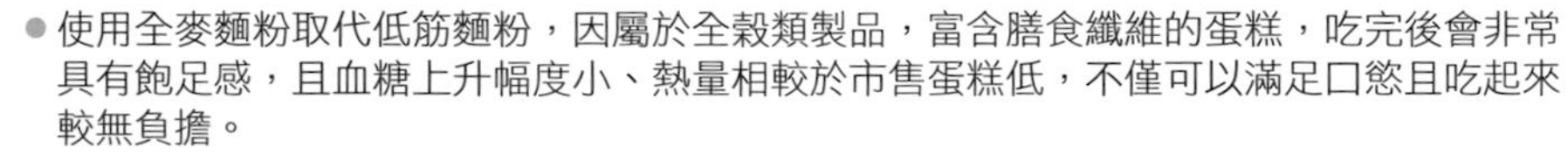

- 使用全麥麵粉取代低筋麵粉，因屬於全穀類製品，富含膳食纖維的蛋糕，吃完後會非常具有飽足感，且血糖上升幅度小、熱量相較於市售蛋糕低，不僅可以滿足口慾且吃起來較無負擔。
- 伯爵奶茶可以替換成你自己喜愛的茶品，例如：烏龍茶、紅玉紅茶、錫蘭紅茶等，可以變化出許多低熱量茶類的全麥戚風蛋糕。但是建議茶葉要磨細，才不會因吸水膨脹而影響整體蛋糕的口感。

營養價值
（可切10小塊／1塊約55公克）

項目	數值
熱量（大卡）	**122.8**
碳水化合物（公克）	**17.2**
蛋白質（公克）	**2.0**
脂肪（公克）	**5.2**

香蕉核桃磅蛋糕

典型的磅蛋糕，又可稱為奶油蛋糕（Pound cake），主要所使用的食材為低筋麵粉、奶油、糖及雞蛋，四者比例皆相同，因此奶油及糖比例非常高，雖然出爐時香氣十足，但相對的熱量也非常高。有鑒於此，這裡我們替換成健康的食材並調整比例後，賦予磅蛋糕新的生命，讓大家吃磅蛋糕也能吃進美味又不易發胖。

這個磅蛋糕我們加入了香蕉，香蕉是營養價值非常高的水果，含有維生素B6、果膠、鉀、鎂等豐富的維生素及礦物質，高鉀低鈉的特質，可以幫助你降低血壓，遠離罹患高血壓及中風的危險性；而鎂和維生素B6更可以讓你擺脫憂鬱，給你好心情。除此之外，其含有豐富的膳食纖維，有降低膽固醇、增加飽足感的功效呢！

至於在烘焙的領域上，越是熟透的香蕉，那獨特的香甜味更是濃郁，所以常常會拿來當做製作點心的食材，因此只要甜味水果放入食譜，往往糖的比例就可以減少喔！

材料

材料	份量
生糙米粉	130公克
全麥麵粉	20公克
小根香蕉	1根（約80公克）
核桃	適量
全脂鮮奶	120毫升
雞蛋	1顆
全脂奶粉	10公克
橄欖油	40公克
麥芽糖醇	60公克
無鋁泡打粉	6公克

器具

器具	數量
攪拌鋼盆	1個
攪拌匙	1個
果汁攪拌機	1台
篩網	1個
烘焙紙	1張
長型磅蛋糕模（17.5cm×8cm×6cm）	1個

步驟

1. 長型烤模內部鋪好烘焙紙放旁備用，將生糙米粉、全麥麵粉及無鋁泡打粉先過篩好備用。接著將去皮的香蕉、全脂鮮奶放入果汁機，一起攪打成濃稠的香蕉牛奶備用。（圖1～2）

   NOTE 烤箱可先以上火／下火160度預熱15分鐘。

2. 將橄欖油及全脂奶粉於鋼盆內完全拌勻後，加入雞蛋及麥芽糖醇一起攪拌至乳化狀。接著加入香蕉牛奶拌勻，並依序加入已過篩的粉類、適量的碎核桃，攪拌均勻後倒入長型烤模內，麵糊上面再撒上一些碎核桃，最後輕摔一下震出氣泡，並以刀尖在麵糊上面的中央劃出一道線後，即可入烤箱烘烤。（圖3～4）

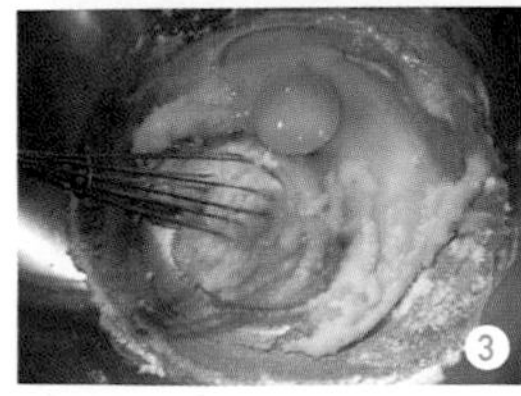

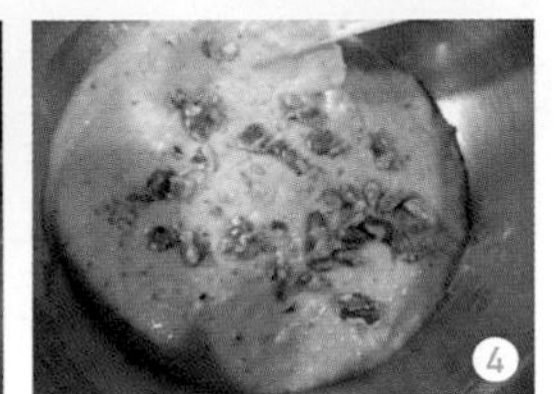

3 以上火／下火160度烤30～35分鐘，再以上火170度烤5～10分鐘上色。時間視每台烤箱爐火狀況不同，可自行調整爐溫及烘烤時間。

NOTE 確認是否烤熟：使用竹籤插蛋糕體中間，若竹籤上沒有沾到蛋糕，表示已烤熟。

4 出爐後拉出烤好的磅蛋糕，馬上撕掉烘焙紙放涼，即可享用。（圖5～6）

NOTE 放入冰箱冷藏一個晚上更好吃。

5

6

營養師小叮嚀

- 核桃狀似腦的迴路，屬於堅果類的一種，富含不飽和脂肪及維生素E，適量攝取有利於心血管疾病的預防，其內也含有豐富的鋅，可以提升免疫力、幫助傷口癒合等好處。
- 堅果類中的飽和脂肪，可以延緩失智的發生，若長輩牙口不好，卻也想吃這個蛋糕的話，可以將烤好的核桃一起和香蕉、牛奶攪打成香蕉核桃泥後，再拌入麵糊，烤好後吃起來的口感很適合長輩享用。

營養價值
（可切10小塊／1塊約55公克）

熱量（大卡）
99.3

碳水化合物（公克）
15.9

蛋白質（公克）
2.4

脂肪（公克）
2.9

豆渣葡萄磅蛋糕

這個蛋糕加入了膳食纖維豐富的豆渣，讓磅蛋糕有不同層次的口感，那什麼是豆渣呢？豆渣就是豆漿製造過程所產生的副產物，含有豐富的膳食纖維，一小塊就很有飽足感，是很適合解饞的小點心，而且因為含水量高，口感濕潤又美味，還有很棒的附加價值，可以幫助你排便順暢唷！

若是有血糖問題困擾的人，就很適合食用這個蛋糕，因為豆渣及糙米粉的膳食纖維可以讓血糖上升幅度較慢，在控制血糖方面，會比吃市售高油、高糖的重乳酪蛋糕更好，而且也能滿足口慾呢！

材料

材料	份量
生糙米粉	130公克
全麥麵粉	20公克
豆渣	100公克
杏仁粉	10公克
全脂鮮奶	100毫升
雞蛋	1顆
葡萄乾	40公克
肉桂粉	2 小匙（適量）
橄欖油	15公克
麥芽糖醇	60公克
無鋁泡打粉	6公克

器具

器具	數量
攪拌鋼盆	1個
攪拌匙	1個
篩網	1個
烘焙紙	1張
長型磅蛋糕模（17.5cm×8cm×6cm）	1個

步驟

1. 長型烤模內部鋪好烘焙紙。接著將生糙米粉、全麥麵粉及無鋁泡打粉先過篩好備用。（圖 1 ～ 2）

   NOTE 烤箱可先以上火／下火150度預熱15分鐘。

2. 將豆渣、雞蛋、全脂鮮奶、橄欖油及麥芽糖醇放入攪拌鋼盆一起拌勻後，再放入肉桂粉、杏仁粉及其他已過篩粉類，繼續輕柔拌勻後，加入葡萄乾快速拌勻，並倒入烤模內，最後輕摔一下震出氣泡，並以刀尖在麵糊上面的中央劃出一道線後，即可入烤箱烘烤。（圖3～5）

3. 以上火／下火150度烤20分鐘，再以上火／下火160度烤20分鐘，接著以上火170度烤5分鐘上色。時間視每台烤箱爐火狀況不同，可自行調整爐溫及烘烤時間。出爐後拉出烤好的磅蛋糕，馬上撕掉烘焙紙放涼，即可享用。

   NOTE 確認是否烤熟：使用竹籤插蛋糕體中間，若竹籤上沒有沾到蛋糕，表示已烤熟。

營養師小叮嚀

因豆渣含水量高，烘烤的時間會稍久，建議以階梯式溫度烘烤，可避免外熟內未熟的情況。若是家中沒有長型烤模的話，可使用小杯紙模，但烘烤溫度及時間會略有不同。

營養價值

（可切10小塊／1塊約52公克）

項目	數值
熱量（大卡）	**127.4**
碳水化合物（公克）	**20.3**
蛋白質（公克）	**2.8**
脂肪（公克）	**4.0**

枸杞紅棗磅蛋糕

枸杞和紅棗屬於溫補的食材，多當中藥材使用，也可當做食療及料理的必備配角，鮮少人將其用於烘焙之中。但帶有東方色彩的枸杞和紅棗，吃起來味道甘甜、營養價值高，因此我將這兩個獨特的食材加入其中，剛烤好出爐的紅棗香甜味，會瀰漫在整個空氣中，因為美味又兼顧健康，相信會讓許多人喜愛喔！

枸杞是中藥材裡的上品食材，具有滋補肝腎、明目安神、益面色、長肌肉、堅筋骨等保健功效。枸杞的營養價值高，每一百公克枸杞中含有粗蛋白質4.5公克、粗脂肪2.3公克、碳水化合物9.0公克，更富含有類胡蘿蔔素、維生素B1、B2、C等，以及豐富的礦物質及微量元素等。

近年來，枸杞在許多的科學研究中，發現具有促進和調節免疫功能、保肝和抗衰老三大藥理作用。較少烘焙製品將枸杞融入其中，但其實枸杞帶有獨特的甜味，能讓西方的烘焙點心帶有東方色彩，也可以減少使用的糖量，更能提升整體的營養價值。

紅棗則稱為大棗，和枸杞同屬於上品中藥材，吸飽陽光的紅棗乾，含有很豐富的維生素C、醣類、礦物質及微量元素等，能夠提升人體免疫功能，增強抗病能力，也非常適合平時和枸杞一起搭配製成養身茶，可以保護肝臟、溫補身體氣血、鎮靜安神等作用。

紅棗常用於中藥、料理的食材，但幾乎很少有人將其應用於烘焙上面，這道食譜是將紅棗打成漿，做成枸杞紅棗磅蛋糕，吃起來有濃濃的紅棗味，是一款非常值得動手試試看的健康磅蛋糕。

材料

材料	份量
生糙米粉	150公克
全麥麵粉	20公克
枸杞	15公克
紅棗（去籽）	40公克
椰子粉	10公克
全脂鮮奶	180毫升
雞蛋	1顆
橄欖油	20公克
椰棕糖	20公克
無鋁泡打粉	6公克

器具

器具	數量
攪拌鋼盆	1個
攪拌匙	1個
果汁攪拌機	1台
篩網	1個
烘焙紙	1張
長型磅蛋糕模（17.5cm×8cm×6cm）	1個

將中式的枸杞和紅棗融入西式蛋糕裡，就能吃得到健康與美味。

1. 長型烤模內部鋪好烘焙紙備用。生糙米粉、全麥麵粉及無鋁泡打粉先過篩好備用、枸杞泡水後稍微瀝乾備用。（圖1）
2. 接著將紅棗去籽後，與全脂鮮奶、去籽紅棗一起放入果汁機裡攪打成漿備用。（圖2）
   NOTE 烤箱可先以上火／下火160度預熱15分鐘。
3. 雞蛋和橄欖油一起攪拌至乳化狀，再倒入步驟2的紅棗漿拌勻，並加入椰子粉、椰棕糖攪拌至糖融化。緩慢加入已泡水的枸杞後，再拌入已過篩的粉類，最後倒入長型烤模內，以刀尖在麵糊上面的中央劃出一道線後，即可入烤箱烘烤。（圖3～6）
4. 以上火／下火150度烤20分鐘，再以160度烤20分鐘，接著以上火170度烤5～10分鐘上色。時間視每台烤箱爐火狀況不同，可自行調整爐溫及烘烤時間。
   NOTE 確認是否烤熟：使用竹籤插蛋糕體中間，若竹籤上沒有沾到蛋糕，表示已烤熟。
5. 出爐後拉出烤好的磅蛋糕，馬上撕掉烘焙紙放涼，即可享用。（圖7）

營養師小叮嚀

若有椰子油也可以用來取代橄欖油，雖然椰子油的飽和脂肪高，但這個磅蛋糕用油量僅約20公克，只要少量使用即可讓烤好的磅蛋糕有紅棗味也有椰子香氣喔！

PART 3

大人小孩都愛吃！

營養點心篇

美味餅乾系列／塔&派系列／鮮奶酪系列／節慶點心系列

delicious dessert
BORAGE

營養價值
（12片／1片約25公克）
熱量（大卡）
81.3
碳水化合物（公克）
11.4
蛋白質（公克）
2.4
脂肪（公克）
2.9

檸檬餅乾

市售高糖、高奶油比例的檸檬餅乾，充滿奶油香氣往往讓人容易攝取過量，非常不利血糖、血脂及體重控制。因此我發揮巧思，使用新鮮的檸檬汁，以全麥麵粉取代一半以上的低筋麵粉，再搭配植物油及麥芽糖醇，取代高糖、高奶油的成分，反而可以吃到很純粹的檸檬香氣，搭配一杯熱紅茶，享受這午後美好的時光吧！

NOTE 這是以全麥麵粉取代一半以上的低筋麵粉，所製作而成的餅乾，吃起來的口感會比較紮實。

材料

材料	份量
檸檬汁（約30毫升）	1顆
玄米油	20公克
全麥麵粉	85公克
低筋麵粉	50公克
全脂鮮奶	20毫升
全脂奶粉	15公克
蛋黃	1顆
麥芽糖醇	55公克
檸檬皮屑	適量
手粉	少許

器具

器具	數量
攪拌鋼盆	1個
攪拌器	1個
攪拌匙	1個
篩網	1個
烘焙紙	1張
密封袋	1個

步驟

1. 全麥麵粉、低筋麵粉先過篩備用、檸檬汁擠好備用。接著將蛋黃、全脂鮮奶、全脂奶粉及麥芽糖醇於鋼盆內攪拌至糖顆粒融化，再加入玄米油攪拌至呈乳化狀後，倒入檸檬汁及些許檸檬皮屑拌勻。（圖1～2）

2. 依序加入已過篩的粉類，於鋼盆內緩慢拌勻成麵團，放於密封袋內並移置冰箱冷藏半小時後，取出預備烘烤。（圖3～4）

   NOTE 烤箱可先以上火／下火160度預熱15分鐘。

3. 預熱的同時，將麵團分割成12個，搓圓放於烤盤的烘焙紙上，並推壓成圓餅型，若麵團稍微濕黏，可以沾些全麥麵粉當手粉，即可入烤箱烘烤。以上火／下火160度烤15分鐘，再以上火170度烤5分鐘上色，出爐後於鐵網上放涼後即可享用。時間視每台烤箱爐火狀況不同，可自行調整爐溫及烘烤時間。（圖5～6）

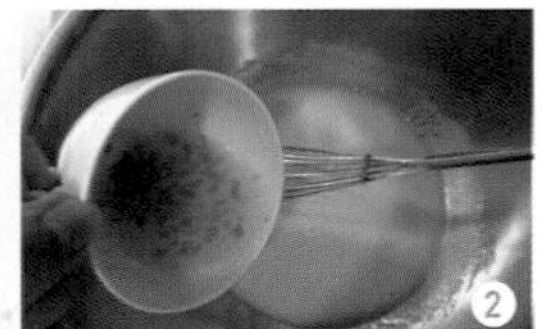

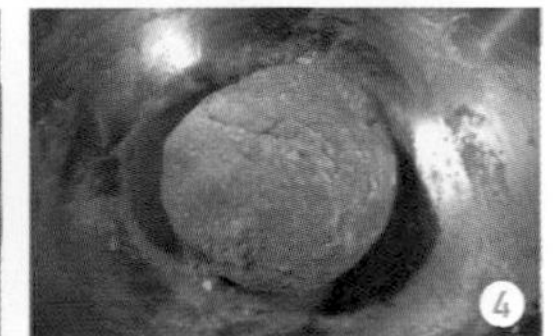

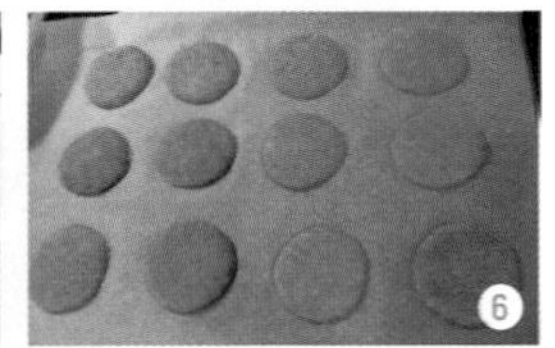

- 麥芽糖醇可以用來取代白砂糖，因其熱量低，甜度則是蔗糖的0.8倍。
- 使用植物油取代奶油，就可以讓你聰明吃甜食，減少甜食對身體的負擔。
- 添加檸檬皮屑，主要功用是增添檸檬香氣。
- 可以善用叉子，於餅乾麵團上按壓出圖案。

營養價值
（12片／1片約20公克）

熱量（大卡）
78.8

碳水化合物（公克）
13.3

蛋白質（公克）
2.0

脂肪（公克）
2.0

燕麥果乾餅乾

吃起來充滿肉桂香的燕麥果乾餅乾，是我喜歡的餅乾款式之一，因為吃得到燕麥的紮實感，而且含有很豐富的膳食纖維，所以也具有飽足感，只要兩三片燕麥餅乾搭配一杯無糖豆漿，就是充滿幸福感的早餐了。這個餅乾也很適合給孩子當放學的健康小點心，或是和三五好友的溫馨聚會點心，搭配一杯熱紅茶細細品嚐，更是讓那舌尖上的幸福感久久不散呢！

這裡使用全穀類的大燕麥片及全麥麵粉為主要食材，富含膳食纖維，比精製的低筋麵粉更具有飽足感，其膳食纖維以水溶性纖維居多，只要控制好攝取的主食份量，就能幫助穩定血糖也能夠加強膽固醇的代謝。

除此之外，這個餅乾也使用了蜂蜜、椰棕糖取代精製砂糖，蜂蜜性味甘、平，可以緩解腹痛、便祕等症狀，更有抗菌的效用。蜂蜜主要由葡萄糖和果糖所構成，也含有豐富的維生素、礦物質及胺基酸，相較於精製砂糖有更多的營養密度，但因含有葡萄糖，仍會影響血糖的上升，故有血糖問題的人需要特別留意攝取的份量。另外，因蜂蜜容易受肉毒桿菌汙染，一歲以下的嬰兒因腸道菌叢未發育完整，非常容易有肉毒桿菌中毒的情形發生，所以一歲以下的嬰兒千萬不要食用蜂蜜或其製品唷！

材料

材料	份量
大燕麥片	120公克
全麥麵粉	20公克
雞蛋	1顆
橄欖油	10公克
全脂鮮奶	30毫升
椰棕糖	15公克
蜂蜜	20公克
肉桂粉	1大匙
葡萄乾（或是綜合果乾）	30公克

器具

器具	數量
湯匙	1根
攪拌鋼盆	1個
攪拌匙	1個
攪拌器	1個
烘焙紙	1張
保鮮膜	1張

添加了燕麥、蜂蜜、果乾的營養餅乾，不僅美味熱量又低。

步驟

1. 將全脂鮮奶、雞蛋、椰棕糖及蜂蜜置於鋼盆內，並以攪拌器攪拌使之均勻，再加入橄欖油，使其呈乳化狀。（圖1～2）
2. 依序倒入大燕麥片、全麥麵粉、肉桂粉一同拌勻後，最後拌入葡萄乾（或綜合果乾）。（圖3～4）
3. 以湯匙舀出適量的燕麥團置於保鮮膜內，束緊成圓球狀後，再以手指壓扁且慢慢地推開成圓餅狀（也可以直接以湯匙舀出放在烘焙紙上）。（圖5）

   NOTE 烤箱可先以160度預熱15分鐘。
4. 放入烤箱，以上火／下火160度烤15分鐘，上火170度烤3～5分鐘即可出爐，於鐵網上放涼後享用。時間視每台烤箱爐火狀況不同，可自行調整爐溫及烘烤時間。（圖6）

營養師小叮嚀

- 有血糖問題的人，可以將蜂蜜換成等份量的麥芽糖醇（20公克），再將全脂鮮奶由30公克提高至50公克即可，如此便可以讓血糖控制的更加良好。
- 果乾不限於葡萄乾，也可以替換成蘋果乾、蔓越莓乾等，味道也非常棒。

NEW ZEALAND
ALPINE BLUE
BORAGE

營養價值

（10片／1片約23公克）

熱量（大卡）
78.4

碳水化合物（公克）
11.8

蛋白質（公克）
1.5

脂肪（公克）
2.8

核桃麥麩餅乾

現代飲食精緻化，許多人有三高的問題，但並非無油飲食就是好的飲食模式，攝取好油才是首要目標。建議每日油脂攝取的來源，可以部分來自於堅果類，而核桃就是常見的優質堅果，富含不飽和脂肪酸，可以用它來取代部分的烘焙油脂，再提高全麥麵粉的比例。

核桃為堅果類其中的一種，富含不飽和脂酸及維生素E，有助於預防心血管疾病的發生，且堅果也含有鋅，能幫助傷口癒合，對於腦部的記憶力也有幫助唷！另外，每日堅果的份量建議為手掌一小把為限，可以取代一份日常食用油，但必須注意核桃的保存，若已產生有油耗味時，就不建議食用。這個加入了核桃的全麥餅乾，不僅能讓你吃得更健康，還能吃到淡淡的肉桂香呢！

材料

材料	份量
核桃	20公克
全麥麵粉	85公克
低筋麵粉	30公克
全脂鮮奶	35毫升
椰棕糖	25公克
麥芽糖醇	15公克
玄米油	25公克
肉桂粉	1小匙

器具

器具	數量
湯匙	1根
攪拌鋼盆	1個
攪拌匙	1個
攪拌器	1個
烘焙紙	1張

步驟

1. 將核桃烤熟並壓成小碎塊狀備用。接著將全脂鮮奶拌入椰棕糖及麥芽糖醇至融化後，再加入玄米油拌勻，依序倒入低筋麵粉、全麥麵粉、肉桂粉及碎核桃拌勻成麵團。（圖1～3）
2. 烤箱先以160度預熱15分鐘，此時可將麵團分割壓成圓餅型或是自己喜歡的形狀，放在烘焙紙上，再放入烤箱烘烤。（圖4）
3. 以上火／下火160度烤15分鐘，上火170度烤3～5分鐘即可出爐，於鐵網上放涼後享用。時間視每台烤箱爐火狀況不同，可自行調整爐溫及烘烤時間。（圖5）

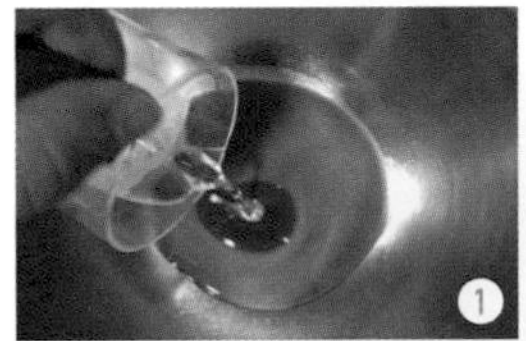
1

2

3

4

5

- 玄米油也可以替換成其他耐高溫的植物油，像是橄欖油、酪梨油等。
- 使用美國糖尿病學會（ADA）推薦的低升糖指數（低GI）椰棕糖取代白砂糖，椰棕糖的口感香氣類似於黑糖，但升糖指數低於40，且同樣富含礦物質，較利於血糖的控制。

營養價值
（15片／1片約14公克）

項目	數值
熱量（大卡）	**51.8**
碳水化合物（公克）	**6.7**
蛋白質（公克）	**1.3**
脂肪（公克）	**2.2**

咖哩全麥脆餅

咖哩粉是種充滿南洋香氣的辛香料，除了用於料理之外，少部分將其應用於烘焙方面，但其實只要利用巧思，就能做出獨特的鹹口味咖哩餅乾。這個餅乾是利用全麥麵粉完全取代精製的低筋麵粉，可以提高整體的膳食纖維含量，搭配上可愛圖案的壓模，陪著孩子一起動手玩創意吧！自己手做的烘焙餅乾，會比市售的餅乾更健康又有成就感唷！

市售餅乾多半使用奶油、酥油、棕櫚油、氫化植物油等飽和脂肪比例高的油脂，對於血脂肪以及心血管的影響是非常大的，因此改用玄米油或是其他耐高溫的植物油，像是橄欖油、酪梨油等來做烘焙較適當。烘烤餅乾的溫度約為160～170度，都是這些油品可以使用的溫度範圍，餅乾烤好後，還能吃得到麥香的口感呢！

材料

全麥麵粉……115公克
全脂鮮奶……30毫升
蛋黃……1顆
麥芽糖醇……30公克
玄米油……20公克
咖哩粉……2小匙
鹽巴……1／4匙
白芝麻（適量）……5公克

器具

攪拌鋼盆……1個
攪拌匙……1個
攪拌器……1個
擀麵棍……1個
可愛圖案壓模……數個
烘焙紙……1張

步驟

1 蛋黃、全脂鮮奶及玄米油乳化拌勻後，加入麥芽糖醇至融化。接著加入鹽、白芝麻及咖哩粉拌勻，再緩慢倒入全麥麵粉攪拌成麵團，並放入透明塑膠袋內，冷藏約半小時後拿出（麵團冰過後較容易操作）。（圖1～3）

2 烤箱先以160度預熱15分鐘，接著以擀麵棍將麵團擀平（約0.3～0.5公分厚），再利用餅乾模具壓出形狀，置於烘焙紙上入烤箱烘烤。（圖4）

3 以上火／下火160度烤15分鐘，再以上火170度烤3～5分鐘即可出爐，於鐵網上放涼後享用。時間視每台烤箱爐火狀況不同，可自行調整爐溫及烘烤時間。（圖5）

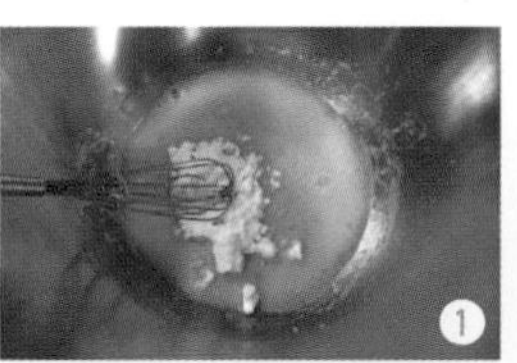
1

2

3

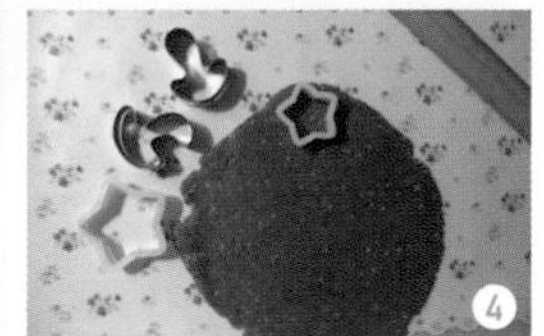
4

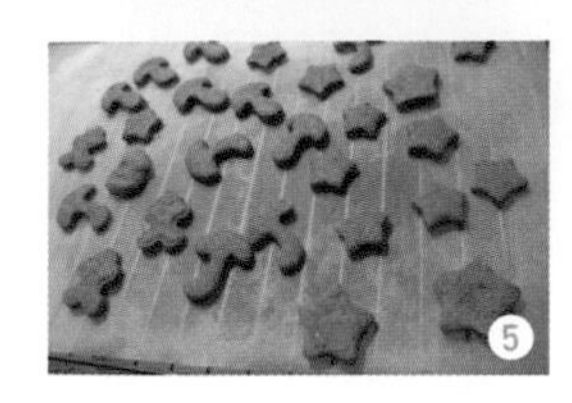
5

營養師小叮嚀

這裡我們利用咖哩粉來提供餅乾香氣，咖哩味的濃淡可以自行調整，當然也可以做成義式香料餅乾，加入乾燥的綜合義式香料，烘烤出爐的餅乾絕對是百分百的好吃。

營養價值
（40顆／1顆約8公克）

熱量（大卡）
8.8

碳水化合物（公克）
0.8

蛋白質（公克）
0.5

脂肪（公克）
0.4

豆渣糙米乳酪球

想不到豆渣也可以做成小點心吧？豆渣是豆漿製作過程的副產物，黃豆有一半以上的營養在豆渣內，所以若將豆渣運用於料理及烘焙方面，便能提高烘焙製品的營養價值。這個小點心，利用了乳酪粉、蘿勒葉的香氣來稍微蓋過豆渣味，且因為添加豆渣所以吃起來有鬆軟的口感，最棒的是能彌補烘焙製品常缺乏的膳食纖維含量，利用生糙米粉取代精製的低筋麵粉，讓小點心不再只是好吃，反而可以兼顧到美味與營養唷！

除此之外，因為豆渣含有豐富的膳食纖維，所以這個小點心吃起來會讓你很有飽足感，可以幫助需要控制體重及體態維持的人，對抗減重期的飢餓感。若是有血糖問題困擾的人，吃這個小點心會比吃市售餅乾點心更好喔！

材料（40顆）

材料	份量	材料	份量
豆渣	85公克	橄欖油	5公克
生糙米粉	115～120公克	麥芽糖醇	40公克
雞蛋	1顆	鹽巴	1／3小匙
乳酪粉	20公克	蘿勒葉	2 小匙（適量）

器具

器具	數量
攪拌鋼盆	1個
攪拌匙	1個
烘焙紙	1張

步驟

1. 豆渣、雞蛋、橄欖油、鹽巴、麥芽糖醇一同拌勻備用。（圖1）
2. 再依序加入乳酪粉、蘿勒葉後攪拌均勻。接著緩慢加入生糙米粉攪拌成麵團，取適當份量於手掌內搓成小圓球狀，置於烘焙紙上準備烘烤。（圖2～4）
3. 烤箱先以160度預熱15分鐘後，以上火／下火160度烤15分鐘，再以上火170度烤5分鐘即可出爐，於鐵網上放涼後便能享用。（圖5～6）

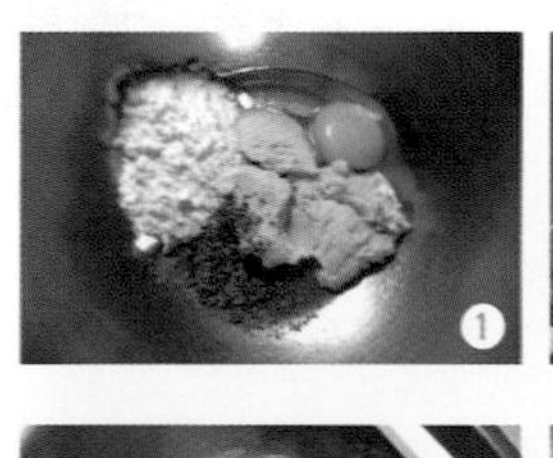
1

2

3

4

5

6

- 確定好豆渣的重量之後，生糙米粉不要一次加入，因為每次所製作的豆渣含水量略有不同，故生糙米粉最好是先加入3／4的份量之後，其餘的1／4再慢慢倒入豆渣麵團之中，直到不黏手即可。
- 豆渣因含水量高達85%，故無需再額外加鮮奶或是豆漿等液體，不然烘烤豆渣糙米乳酪球的時間會需要比較久，且也容易造成表面烤熟，內部還沒熟透的問題。

營養價值
（4個4吋塔／1個約90公克）

熱量（大卡）
173.4

碳水化合物（公克）
29.1

蛋白質（公克）
2.5

脂肪（公克）
5.2

酸甜檸檬塔

檸檬塔是個迷人的下午茶甜點，酸甜的滋味就像戀愛般的感覺，一般檸檬塔的塔皮是利用低筋麵粉、大量奶油、糖等食材混合，檸檬塔的內餡更是為了調和酸甜比例，會使用較多的糖去中和檸檬汁的酸味，因此市售往往小小的一個檸檬塔，熱量高達兩三百大卡呢！滿足口慾是一時，卻可能需要跑半小時以上來消耗熱量，於是喜歡檸檬塔的我，研發出低油、低糖的燕麥塔皮，大幅度降低奶油的比例，讓吃甜食也是一種健康幸福的享受。

材料

燕麥塔皮

- 大燕麥片……80公克
- 生糙米粉……35公克
- 玄米油……20公克
- 全脂鮮奶……60毫升
- 椰棕糖……10公克

檸檬凝乳醬

- 開水……150毫升
- 麥芽糖醇……55公克
- 鹽……1公克
- 蛋黃……30公克
- 玉米粉……20公克（加18毫升開水調）
- 檸檬汁……30公克（新鮮檸檬1顆）
- 檸檬皮……少許
- 奶油……10公克

器具

- 攪拌鋼盆……1個
- 攪拌匙……1個
- 打蛋器……1個
- 小鍋子……1個
- 擀麵棍……1個
- 四吋活動塔模……4個
- 塑膠袋……1個
- 乾黃豆……適量

步驟

燕麥塔皮

1. 先將大燕麥片用手搓細些備用。接著於攪拌鋼盆內依序加入細燕麥片、生糙米粉、椰棕糖拌勻，再倒入全脂鮮奶、玄米油一同攪拌成團，放入塑膠袋內鬆弛10分鐘備用。（圖1～3）

   NOTE 烤箱可先以上火／下火160度預熱15分鐘。

2. 取出燕麥團後，均分成四等份，利用擀麵棍擀成薄約0.5公分的圓餅塔皮，鋪於塔模內，均勻推開鋪平，多餘的一些塔皮可利用廚房剪刀修剪整型，並於塔皮內放入乾黃豆（烘烤時可避免塔皮膨起），然後放入烤箱烘烤。（圖4～6）

3. 以上火／下火160度烤20分鐘，出爐後於鐵網上放涼備用。（圖7）

1

2

3

4

5

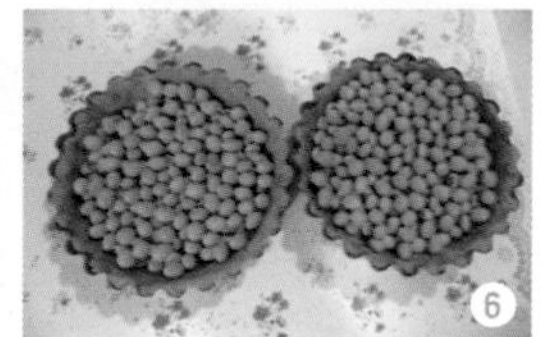
6

7

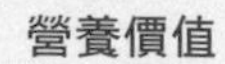

營養價值

（4個4吋塔／1個約150公克）

熱量（大卡）
193.5

碳水化合物（公克）
32.8

蛋白質（公克）
4.1

脂肪（公克）
5.1

當季水果塔

若酸甜的檸檬塔是個萬人迷的下午茶甜點，那當季水果塔就是每個人都難以抗拒的美味甜點了。這裡一樣使用了燕麥塔皮（作法翻至P119），大幅度的降低了熱量，卻增加了飽足感，只要學會了甜的燕麥塔皮作法，你也可以運用在各個水果塔的製作上面。這裡面我們填入的內餡卡士達醬，也是水果塔的靈魂所在，不油不膩不會搶了水果的風采，卻又美味好吃，可說是把當季水果塔的美味發揮到極致呢！

燕麥塔皮和各種甜內餡都很好搭配，而且富含膳食纖維，除了具有飽足感之外，更可以延緩血糖上升，有利於血糖控制及體重的管理。另外，這裡的內餡使用了自製香草卡士達醬，就算沒有加入香草精一樣美味，和市售的相比，僅加入極少許的奶油，吃起來對身體較無負擔，而且口感和各種的水果塔都很對味，學會這個醬料的作法，就可以做出各種水果塔唷！

材料

當季新鮮水果	適量
燕麥塔皮 （翻至P119）	4片

香草卡士達醬

全脂鮮奶	100毫升
蛋黃	1顆
麥芽糖醇	25公克
玉米粉	8公克
奶油	3公克
香草精（若無可省略）	1滴

器具

攪拌鋼盆	1個
攪拌匙	1個
打蛋器	1個
小鍋子	1個
擀麵棍	1個
四吋活動塔模	4個
塑膠袋	1個
乾黃豆	適量

水果塔上建議可搭配微酸味的水果，和內餡香草卡士達醬很對味喔！

營養價值
（4個4吋塔／1個約90公克）

熱量（大卡）
189.4
碳水化合物（公克）
28.0
蛋白質（公克）
4.5
脂肪（公克）
6.6

蘋果肉桂塔

蘋果肉桂塔的派皮，一樣是運用燕麥及糙米粉所搭配製成的高纖少油塔皮，內餡將卡士達醬做了些微變化，加入了杏仁粉，讓整體的感覺和蘋果肉桂更為融合。內餡上面鋪著帶點皮的新鮮蘋果片，在烤過之後，蘋果可以釋出更多的果膠，吃起來更具飽足感，而蘋果和肉桂粉的組合，更是會讓人迷戀上的好滋味唷！

蘋果富含果膠、維生素及礦物質，蘋果外皮更含有將近280多種的植化素，只要將外皮清洗乾淨，便可以連皮一起享用，這樣反而能吃到更多營養。烤過的蘋果能讓果膠釋出更多，吸附體內過多的膽固醇、延緩血糖上升，非常適合想控制體重、有三高問題困擾的人食用。

材料

帶皮紅蘋果……半顆
燕麥塔皮……4個
（翻至P119）

杏仁卡士達醬

全脂鮮奶……100毫升
蛋黃……1顆
麥芽糖醇……25公克
玉米粉……8公克
杏仁粉……10公克
奶油……3公克
香草精（若無可省略）……1滴

器具

攪拌鋼盆……1個
攪拌匙……1個
打蛋器……1個
小鍋子……1個
擀麵棍……1個
四吋活動塔模……4個
塑膠袋……1個
乾黃豆……適量

步驟

1 燕麥塔皮（製作方式翻至P119）備好後，可以製作杏仁卡士達醬。首先將全脂鮮奶和麥芽糖醇於鍋內開小火融化後熄火，快速加入蛋黃及滴入一滴香草精拌勻，並於鍋內加入玉米粉後開火，不停攪拌以避免結塊，煮至稠後馬上熄火，加入少許奶油融化，最後加入杏仁粉拌勻即可，趁熱填入內餡。（圖1～4）

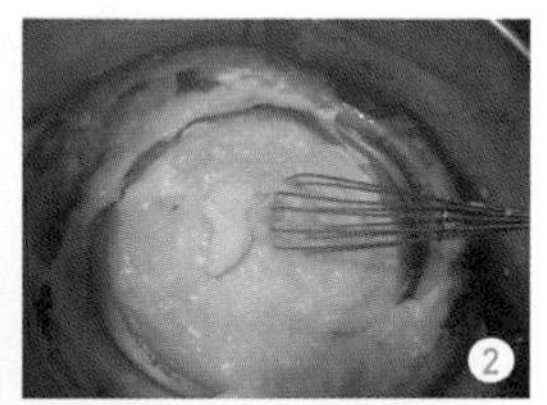

2 洗好紅蘋果，利用紙巾輕輕擦乾，將半顆蘋果去籽後切成0.2公分薄片，再對切成扇形，修剪成適合放於派內的長度後，放旁備用。（圖5～6）

3 每個塔內約填入25～30公克內餡，再擺上蘋果薄片，繞成一圈的圓形後，以上火170度烤15分鐘後，撒上些許肉桂粉即可甜蜜享用。（圖7）

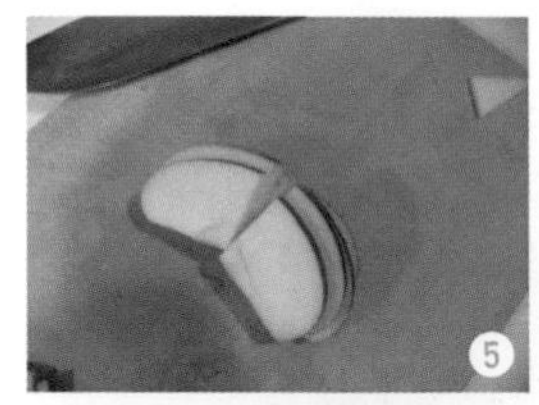
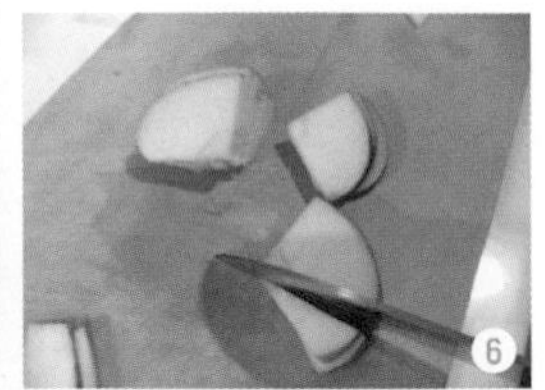

- 這裡的卡士達醬我添加了杏仁粉，再搭配烤好的蘋果及肉桂粉，讓吃起來的口感更有層次。
- 燕麥塔皮和各種甜內餡都很好搭配，而且富含膳食纖維，除了具有飽足感之外，更可以延緩血糖上升，有利於血糖控制及體重的管理。
- 塔皮烤熟很容易脫模，放涼後建議再放回塔模內會比較好填內餡。

經典蔬食鹹派

營養價值
（4個4吋塔／1個約95公克）

營養成分	數值
熱量（大卡）	**173.2**
碳水化合物（公克）	**20.5**
蛋白質（公克）	**6.6**
脂肪（公克）	**7.2**

甜椒鮪魚鹹派

營養價值
（4個4吋塔／1個約95公克）

營養成分	數值
熱量（大卡）	**180.9**
碳水化合物（公克）	**20.2**
蛋白質（公克）	**8.6**
脂肪（公克）	**7.3**

經典蔬食鹹派

市售的鹹派為了好吃，往往會在蛋奶醬裡加入濃厚的鮮奶油，不僅增添了香味也讓熱量更加倍，對於有三高問題困擾的人來說，這是相當不利的飲食模式。因此我在鹹派裡加入一些健康素材，調整了蛋奶醬的清爽度，讓鹹派也可以是健康又好吃的早餐或點心。

這道「經典蔬食鹹派」利用燕麥派皮高纖少油的特點，不僅增加飽足感，內餡還加了兩種蔬菜，更豐富膳食纖維的種類，能夠避免血糖上升起伏過大，也能夠幫助排便順暢。其實只要學會鹹派的基本作法後，就可以像比薩一樣有多樣的口味變化，也很適合當派對或是野餐的手拿派唷！

材料

燕麥派皮

- 大燕麥片……80公克
- 生糙米粉……35公克
- 橄欖油……20公克
- 全脂鮮奶……55毫升
- 麥芽糖醇……5公克

蛋奶醬

- 全脂鮮奶……50毫升
- 雞蛋……1顆
- 鹽巴……1／4小匙

餡料

- 綠花椰菜……70公克
- 鴻喜菇……40公克
- 比薩乳酪絲……20公克
- 黑胡椒粒……少許

器具

- 攪拌鋼盆……1個
- 攪拌匙……1個
- 打蛋器……1個
- 小鍋子……1個
- 擀麵棍……1個
- 四吋活動塔模……4個
- 塑膠袋……1個
- 乾黃豆……適量

步驟

燕麥派皮

1 先將大燕麥片利用手搓細些備用。接著於攪拌鋼盆內依序加入細燕麥片、生糙米粉及麥芽糖醇，再倒入液體食材，全脂鮮奶、橄欖油一同攪拌成團，放入塑膠袋內鬆弛10分鐘備用。（圖1～3）

2 取出燕麥麵團後，均分成四等份，利用擀麵棍擀成薄約0.5公分的圓餅塔皮，鋪於塔模內，均勻推開鋪平，多餘的一些塔皮可利用廚房剪刀修剪整型，並於塔皮內放入乾黃豆（烘烤時可避免塔皮膨起），再放入烤箱烘烤。（圖4～6）

NOTE 烤箱可先以上火／下火160度預熱15分鐘。

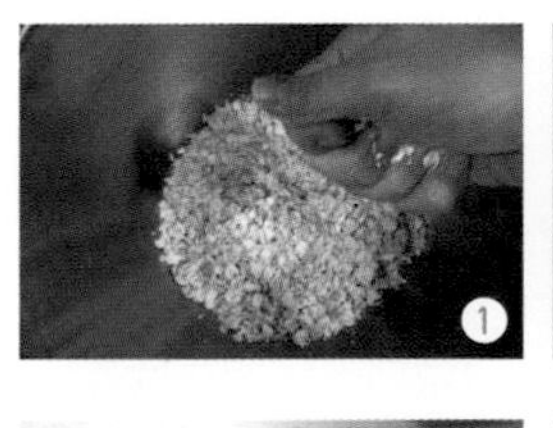
1

2

3

4

5

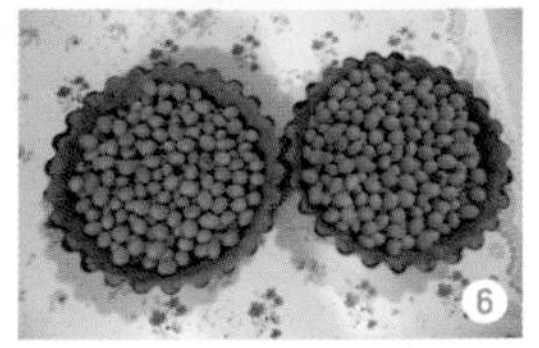
6

3 最後以上火／下火160度烤20分鐘，出爐後於鐵網上放涼備用。（圖7）

蛋奶醬&蔬食料

1 等待烘烤塔皮的時間，可以製作蛋奶醬。將雞蛋與全脂鮮奶打散後，加入鹽巴少許，拌勻備用即可。（圖1）

2 接著可以製作蔬食料，請事先洗好綠花椰菜，利用小鍋子川燙至7分熟後撈起，放涼切成小朵備用。再將洗淨擦乾的鴻喜菇鋪於派模內，接著鋪上綠花椰菜，淋上蛋奶醬後，撒上適量的比薩乳酪絲，入烤箱烘烤。（圖2～4）

3 以上火170度烤15～20分鐘後，待乳酪絲融化後即可出爐，放涼便能享用。（圖5）

- 菇類屬於蔬菜，富含的水溶性纖維可以吸附體內過多的膽固醇，延緩血糖快速上升，其內的多醣體也能提升免疫力，是我很喜歡的一種食材。菇類種類多樣，像是蘑菇、雪白菇、舞菇、金針菇、香菇等，各有各的風味可以做成各式的鹹派。
- 燕麥派皮和甜餡塔皮最大的差異，就在於沒有添加獨特香味的椰棕糖，如此一來才可以更專注品嚐到鹹派的餡料。家裡若有「綜合義式香料」，也可以在做派皮的時候，揉入麵團內，會讓派皮香氣及口感更有層次。

甜椒鮪魚鹹派

這個鹹派搭配了紅黃甜椒，因此色澤鮮豔，也含有豐富的維生素及礦物質，是個營養又健康的鹹派。但往往孩子們會因為甜椒的獨特味道而接受度不高，意外的是甜椒在烤過之後，特殊的味道變得不太明顯，而甜椒和鮪魚的組合也讓鹹派擦撞出新的火花，撒上少許的乳酪絲及配上那燕麥的香脆派皮，真是一場視覺與味覺的雙重饗宴！

甜椒屬於蔬菜類，含有β胡蘿蔔素、維生素A、維生素B群、維生素C、維生素K、鉀、磷、鐵等營養素，含水量高，維生素C更是豐富，每天吃兩顆甜椒就符合維生素C一整天所需要的量，營養價值非常高。甜椒吃起來的口感較青椒鮮甜，適合生吃，也很常用於義式烤蔬菜的食材，繽紛的色彩容易讓人引起食慾。

鮪魚本身富含DHA，能夠幫助孩子的腦部細胞發育，很常運用於料理及烘焙的食材，孩子們的接受度也大。這裡我們選用水煮鮪魚當內餡，不僅熱量較低，還含有優質的蛋白質，和洋蔥、甜椒等蔬菜搭配在一起，就是一道美味健康的料理。

材料

燕麥派皮 …… 4個
（翻至P131）
蛋奶醬 …… 適量
（翻至P131）

餡料

甜椒（紅椒、黃椒各半） …… 60公克
鮪魚（水煮鮪魚罐頭） …… 60公克
比薩乳酪絲 …… 20公克
黑胡椒粒 …… 少許

器具

攪拌鋼盆 …… 1個
攪拌匙 …… 1個
打蛋器 …… 1個
小鍋子 …… 1個
擀麵棍 …… 1個
四吋活動塔模 …… 4個
塑膠袋 …… 1個
乾黃豆 …… 適量

甜椒烤過氣味並不明顯，就連不喜歡吃甜椒的孩子，接受度都很高喔！

步驟

1. 燕麥派皮、蛋奶醬（製作方式翻至P131）準備好放旁備用。接下來洗好甜椒，擦乾去籽並切成細段，放旁備用。（圖1）
2. 稍微將水煮鮪魚瀝掉多餘水分後再鋪於派模內，淋上蛋奶醬、鋪上甜椒、撒上適量的比薩乳酪絲，放入烤箱烘烤。（圖2～4）
3. 以上火170度烤15～20分鐘後，待乳酪絲融化後，即可出爐，放涼享用。（圖5）

- 鹹派可以是一道均衡的早餐，也可以是一個午後的小點心。利用燕麥派皮高纖少油的特點，可以增加飽足感，還能夠幫助排便順暢。
- 燕麥派皮和甜餡塔皮最大的差異，就在於沒有添加獨特香味的椰棕糖，如此一來才可以更專注品嚐到鹹派的餡料。家裡有「綜合義式香料」的人，也可以在做派皮的時候，揉入麵團內，吃起來會讓派皮的口感及香氣更有層次。

營養價值
（4個／1個約120公克）

熱量（大卡）	碳水化合物（公克）	蛋白質（公克）	脂肪（公克）
89.6	5.0	3.9	6.0

減糖原味奶酪

典型的義式奶酪（Panna cotta），是在義大利料理的餐後小點心，通常會使用大量的濃厚鮮奶油來增添乳香味，但是過多的鮮奶油反而會增加身體的負擔，其實透過提高鮮奶的比例、降低鮮奶油量以及糖量，也可以無負擔地享用到這入口即化且充滿幸福感的小點心，非常適合當小孩的派對點心，或是給牙口吞嚥不良的長輩食用。

食物中鈣質吸收的良好狀態是鈣磷比約1：1的情況下，而鮮奶剛好為此理想比例，適合人體吸收鈣質，因此這道小點心可以幫助成長期、發育期的學童長高，以及提供老齡長者顧骨本的來源。除此之外，若想要更清爽的口感，可以將全脂鮮奶、鮮奶油的部分，全部以低脂鮮奶取代，但相對的乳香會較淡。

材料

- 全脂鮮奶……360毫升
- 鮮奶油……30毫升
- 麥芽糖醇……30公克
- 吉利丁片……2片（5公克）
- 香草莢……半支

器具

- 小鍋子……1個
- 耐熱攪拌匙……1個

步驟

1. 吉利丁片泡冰水至軟後（泡約半小時），取出後擰掉多餘水分備用。香草莢洗淨擦乾後，利用刀尖剖開取出香草豆（細小黑點）備用。（圖1）
2. 將全脂鮮奶放於鍋內，再放入香草豆及豆莢，以小火溫熱煮出香氣後，撈出豆莢並熄火，再趁熱加入麥芽糖醇攪拌至溶化。（圖2～3）
3. 利用餘熱將已泡過冰水的吉利丁放入鮮奶鍋內，攪拌至溶化，最後加入少許鮮奶油拌勻。（圖4～5）
4. 趁熱裝入耐熱容器內，放涼後置於冰箱冷藏約4～5小時以上，凝固後即可享用。（圖6）

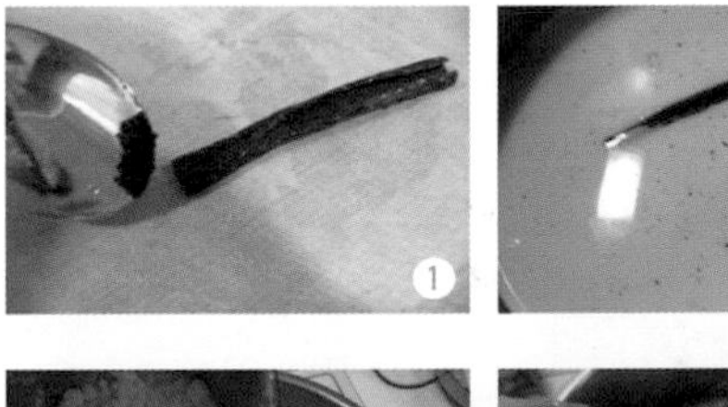
1

2

3

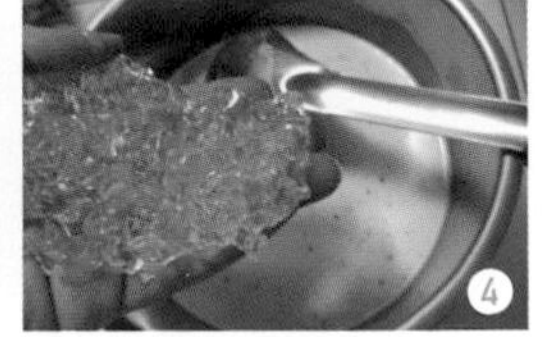
4

5

6

營養師小叮嚀

- 使用麥芽糖醇取代白砂糖好處多，因其熱量低，甜度則是蔗糖的0.8倍。
- 鮮奶酪冷藏最佳溫度於5～8度，冷藏溫度若不夠會縮短保存期限。鮮奶酪離開冰箱30～40分鐘後，會呈現半固體狀態是正常現象，再放回冰箱冷藏2～3小時後又會恢復正常凝固狀態。
- 鮮奶酪內的小黑點為香草豆，可以增添香草香氣，這並非發霉請勿擔心。若沒有香草莢也沒有關係，就算不放也是很美味。

金棗醬佐原味奶酪
（4個／1個約130公克）

熱量（大卡）
100.2

碳水化合物（公克）
7.4

蛋白質（公克）
4.1

脂肪（公克）
6.0

※10公克果醬。

金棗果醬
（1罐／約180公克）

熱量（大卡）
190.7

碳水化合物（公克）
43.4

蛋白質（公克）
2.7

脂肪（公克）
0.7

金棗醬佐原味奶酪

經典的原味奶酪，單獨品嚐可吃出濃郁的乳香味，若覺得口味平淡的人，則可以佐一些酸味較重的果醬一同搭配，像是充滿清新香氣的柑橘類果醬，或是酸甜口感的莓果類果醬都相當適合。這裡我挑選了柑橘類界首屈一指的水果「金棗」來製作金棗果醬，金棗又名金柑，屬於柑橘類水果，富含天然果膠（纖維）、維生素C、類黃酮成分、有機酸及礦物質等，產季為每年的12月至隔年的2月底，其清香及酸甜口感，非常適合做成季節限定的果醬。

一般想要控制血糖或是控制體重的人，學會這水果果醬的作法，就絕對不會想買外面市售含膠、含糖、含化學色素的果醬了，甚至還可以做出季節限定的獨特果醬，搭配奶酪、原味優格都很對味喔！

材料（2小罐，180公克／罐）

減糖原味奶酪
（製作方式請翻至P137）

金棗果醬

金棗（去籽）……600公克
柳丁汁（鮮榨）……80毫升
檸檬汁……1大匙
麥芽糖醇……90公克

器具

小鍋子……1個
耐熱攪拌匙……1個
玻璃罐（小）……2個

步驟

1. 玻璃罐洗淨後，烤箱烘乾放涼備用。柳丁及檸檬榨汁，秤好備用。（圖1～2）
2. 金棗洗淨擦乾，去籽切絲後，再將柳丁汁、檸檬汁及麥芽糖醇一同置於鍋內熬煮約20分鐘，期間必須不停攪拌避免沾鍋焦掉，待汁收到快乾、果膠成為透明狀時，即可關火。（圖3～5）
3. 趁熱裝罐，蓋子鎖緊密封、倒扣，放涼並標註日期放置冰箱冷藏。做好的金棗果醬，可以搭配減糖原味奶酪（P137）或是與無糖優格一同享用。（圖6）

1

2

3

4

5

6

營養師小叮嚀

- 添加柳丁汁主要是減少糖的份量，且柳丁同屬於柑橘類水果，和金棗的口感無違和感。
- 利用檸檬汁的抗氧化特性，可以讓金棗果醬保有色澤，呈現鮮豔的飽和亮橘色。
- 因無添加防腐劑，小罐裝果醬建議於短時間內食用完畢（約一個月內食用完畢）。

營養價值
（4個／1個約140公克）

熱量（大卡）
160.4

碳水化合物（公克）
21.8

蛋白質（公克）
4.7

脂肪（公克）
6.8

糙米芝麻奶酪

這是一個結合中西飲食特色的甜點，東方的飲食文化中，米食占了很大的比例，其中糙米又屬於全穀類食物，所富含的膳食纖維是精緻白米的五倍之多，所以是我個人很喜歡運用的烘焙食材；而奶酪這個屬於西方世界的甜點，當遇上了東方飲食的糙米，所擦撞出來的火花非常獨特，再搭配充滿香氣的無糖芝麻粉，結合了味覺及嗅覺的雙重享受，非常值得你動手做看看。

糙米屬於全穀類食材，富含膳食纖維，維生素B群、礦物質等營養成分，營養價值高於精緻白米，搭配奶酪食用的口感非常美味，就算不喜歡糙米口感的人，吃下一口就會愛上它，更適合給牙口不佳的高齡長者食用唷！

材料

全脂鮮奶……360毫升
鮮奶油……30毫升
椰棕糖……40公克
吉利丁片……2片（5公克）
糙米……1／4米杯（約35公克）
水……1／2米杯
無糖黑芝麻粉……適量

器具

電鍋……1台
果汁機……1台
小鍋子……1個
耐熱攪拌匙……1個

步驟

1. 吉利丁片泡冰水至軟後（泡約半小時），取出擰掉多餘水分後備用。糙米浸泡1小時後，洗淨放入電鍋，以內鍋1／2米杯水、外鍋一米杯水，用電鍋蒸熟備用。（圖1）
2. 將熟糙米、全脂鮮奶放入果汁機攪打均勻後，再倒入鍋內，趁熱加入椰棕糖攪拌至溶化。（圖2～3）
3. 利用餘熱將已泡過冰水的吉利丁放入鮮奶鍋內，攪拌至溶化，最後加入少許鮮奶油拌勻。（圖4）
4. 趁熱裝入耐熱容器內，放涼後再放入冰箱冷藏4～5小時以上，取出後鋪上無糖黑芝麻粉，即可享用。（圖5）

1

2

3

4

5

營養師小叮嚀

- 使用美國糖尿病學會（ADA）推薦的低升糖指數（低GI）椰棕糖取代黑糖、精製糖，椰棕糖的口感香氣類似於黑糖，但升糖指數低於40，且同樣富含礦物質，較有利於血糖的控制。
- 無糖黑芝麻粉撒在糙米奶酪上，吃起來不膩也不搶味，口感非常美味。

營養價值
（4個／1個約130公克）

熱量（大卡）
88.9

碳水化合物（公克）
11.2

蛋白質（公克）
3.7

脂肪（公克）
3.21

芒果繽紛奶酪

炎熱的夏季，空氣間瀰漫著讓人悶得透不過氣的感覺，總想吃點什麼冰的甜點消消暑氣，不妨試試這個利用色彩繽紛的夏季水果就能做出的美味奶酪。黃橙色的芒果為其中之一代表，將其融入冰涼的奶酪中，再搭配其他新鮮水果，就完成了一道繽紛的甜點。這款點心非常適合用於派對上，或是長輩及小孩食慾不佳的時候，就可以透過色彩及新鮮感引起食慾，只要花些小巧思，點心也可以變得繽紛多樣且不失美味及營養唷！

NOTE 這個色彩繽紛的水果奶酪，為了突顯水果本身的香氣，所以沒有添加搶味的鮮奶油，這樣反而可以吃到更清爽的水果奶酪滋味。

材料

材料	份量
全脂鮮奶	340毫升
麥芽糖醇	20公克
吉利丁片	2片（5公克）
芒果丁	120公克
當季綜合水果	50公克

器具

器具	數量
小鍋子	1個
耐熱攪拌匙	1個
果汁機	1台
透明容器	4個

步驟

1. 吉利丁片泡冰水至軟後（泡約半小時），取出擰掉多餘水分後備用。將芒果、鮮奶放入果汁機，攪打至均勻後倒入鍋內，開小火溫熱，再趁熱加入麥芽糖醇攪拌至溶化。（圖1～2）
2. 利用餘熱將已泡過冰水的吉利丁放入鍋內，攪拌至溶化備用，再平均分別裝於四個透明容器內，置於冰箱冷藏4～5小時以上。（圖3）
3. 確定凝固後，再將當季綜合水果切丁鋪滿於芒果奶酪上面，建議搭配酸味且顏色鮮豔的水果，例如奇異果、草莓、柳橙、藍莓、紅火龍果等，即可甜蜜享用。（圖4）

1

2

3

4

- 利用水果本身的香氣及甜味，可以減少糖的用量。
- 使用麥芽糖醇取代白砂糖好處多，因其熱量低，甜度則是蔗糖的0.8倍。
- **懶人水果奶酪法：**家中沒有果汁機也沒有關係，只要先做好減糖原味鮮奶酪，再將綜合新鮮水果（如奇異果、柳丁、小番茄、芒果等）切成小丁形狀，放在奶酪上面，也是另一種作法唷！

營養價值
（3個／1個約115公克）

熱量（大卡）
121.9

碳水化合物（公克）
18.4

蛋白質（公克）
4.8

脂肪（公克）
3.2

蔓越莓豆腐優格奶凍

傳統板豆腐和無糖優格的巧妙搭配，可以做出令人驚艷的奶凍口感，搭配上蔓越莓果乾的酸甜口感，非常適合不愛吃豆腐的孩子或是長輩，因為只要換個製作方式，富含鈣質的板豆腐就可以搖身一變，變成人人喜愛的健康甜點唷！此外，只要將前面介紹的燕麥塔皮（P119）學會後，便可將奶凍應用於燕麥塔皮內的餡料，做成另一款健康獨特的莓果豆腐優格燕麥塔囉！

板豆腐營養價值：一份板豆腐所提供的蛋白質等同於一份中脂的肉類蛋白質，但豆腐卻含有較低的脂肪以及「零膽固醇」，更有許多研究證實豆腐其內的大豆異黃酮，可以降低總膽固醇、LDL膽固醇（對人體不利的膽固醇），也同時具備抗氧化的作用，能夠清除體內的自由基，進而預防心血管疾病，對於現代人來說是個不可多得的植物性蛋白質來源。

當然除了含有豐富的蛋白質外，更含有國人所欠缺的鈣質，有三高困擾的人更是建議將豆腐設計於日常飲食之中。由於豆腐本身較無味道，許多孩童或是長輩並不喜歡攝取，故豆腐多半做成鹹味的涼拌豆腐、豆腐味噌湯等之外，鮮少有人將其和甜點結合，其實透過巧妙的運用，就能讓豆腐和優格之間和諧的搭配，做出創意的健康甜點。

優格營養價值：本身含有鮮奶的營養價值，約3.5%蛋白質、3.5%脂肪及4.9%乳糖，亦含有維生素A、D、B群以及豐富的鈣質及各種礦物質等，有些人常因乳糖不耐的關係，喝鮮奶會拉肚子，那麼倒是可以試試看優格，由於乳酸菌將大分子的營養素分解為較小的分子，更易於人體吸收。

優格的蛋白質利用率甚至可以提高至95%，除了補充蛋白質之外，對於腸道方面的益處更是顯著，因其含有豐富的乳酸菌，特別是耐酸性的比菲德氏菌等益菌，所產生的衍生物質反而能夠抑制壞菌的生長，調整腸道本身的菌相，腸道健康的話，更有助於提升整體的免疫力，以及身體的防護力！挑選時盡量選擇「無添加糖」、「不添加膠體」等為宜。

材料

材料	份量
板豆腐	100公克
無糖優格	160公克
全脂鮮奶	40毫升
蔓越莓果乾	40公克
吉利丁片	2片（5公克）

器具

器具	數量
小鍋子	1個
耐熱攪拌匙	1個
果汁機	1台
透明容器	3個

板豆腐、無糖優格、蔓越莓果乾搭配在一起的滋味絕佳，你一定要試看看！

步驟

1. 吉利丁片泡冰水至軟後（泡約半小時），取出擰掉多餘水分後備用。將板豆腐、無糖優格、鮮奶及蔓越莓果乾放入果汁機裡，一起攪打成漿狀。（圖1～2）
2. 將步驟1的豆腐漿倒入鍋內，開小火溫熱，並把已泡過冰水的吉利丁放入鍋內，攪拌至溶化備用。（圖3～4）
3. 趁溫熱時，分別裝於3個透明容器內，置於冰箱冷藏4～5小時以上，凝固後即可享用。（圖5）

蔓越莓果乾本身已有甜味，故這裡我們不額外再添加糖來調味。

OLIVIERS&CO
LE CREUSET

營養價值
（6個／1個約110公克）

熱量（大卡）
163.7

碳水化合物（公克）
36.3

蛋白質（公克）
2.1

脂肪（公克）
0.9

糙米黑糖發糕

過年的年節時期，一定少不了象徵節節高升的「發糕」，傳統的發糕，是使用在來米粉搭配低筋麵粉為主要食材，其實現在也有不少人，直接拿配好的鬆餅粉製作發糕，雖然一樣都可以發的很美、很喜氣，但我也希望大家在吃發糕的同時，能吃得到更多的營養價值。

因此這裡我選用糙米粉當做此次發糕的主要食材，糙米的營養價值比在來米豐富，且膳食纖維是在來米的五倍，更具有飽足感唷！下次過節時，不妨試試自製這個簡單的糙米黑糖發糕，保證讓你的發糕，發得漂亮且又有營養！

另外，這個食譜會利用麥芽糖醇取代部分黑糖，黑糖在糖類的領域來說，相較於砂糖，富含有較多的維生素及礦物質，而且也較溫補。但若你有控制血糖的需求，則建議將黑糖換成椰棕糖使用，椰棕糖上升血糖的速度較慢，較有利於血糖的控制。若是沒有血糖問題的人，放入少量黑糖來調味則是無妨。

材料

生糙米粉……210公克
低筋麵粉……90公克
黑糖……38公克
麥芽糖醇……45公克
水……350cc
無鋁泡打粉……15公克

器具

電鍋……1台
攪拌器……1個
紙模……6個
盛裝容器（鋁杯／或布丁杯）……6個

步驟

1 將生糙米粉、低筋麵粉及泡打粉拌勻後，過篩備用。（圖1）

2 水加入黑糖、麥芽糖醇融化後，再倒入步驟1中，緩慢拌勻成粉漿。（圖2～4）

3 將粉漿倒入紙模內九分滿（紙模放於鋁杯／或布丁杯／或小碗內）。（圖5）

4 置於電鍋盤上，電鍋內一米杯水量。蓋上鍋蓋，鍋蓋留一些隙縫，待電鍋跳起來，再悶五分鐘，即可取出。（圖6～7）

5

6

7

營養師小叮嚀

- 一個糙米黑糖發糕的主食約2份，若你有控制血糖的需求，記得要調整下一餐的主食攝取份量。（一碗糙米飯為4份主食）
- 生糙米粉因富含膳食纖維，吸水程度比在來米粉高，故水量會比一般傳統發糕使用較多。
- 粉漿倒入紙模內，勿裝得太少，因為會使得發糕發得不漂亮。

Column5 為什麼不建議使用砂糖？

砂糖這種精製糖，站在健康的角度來看，是我比較不建議使用的，因其無任何營養價值，將食用砂糖用於烘焙製品當中，會使得血糖急遽上升，當下伴隨而來的是昏沉想睡，長期下來會造成肥胖、身體慢性發炎等健康問題，因此在烘焙料理的領域，建議選擇安全無虞的天然甜味劑來取代砂糖，滿足口慾之外，還可以獲得健康。

這本書裡的食譜，考量了「熱量」與「升糖指數」，因此皆是使用低升糖指數的麥芽糖醇、椰棕糖為主，適合糖尿病患或是想減重的人食用。當然對於平時想吃甜食的一般民眾來說，就不一定要使用這兩種糖，而PART1單元我也有提到一些不錯的甜味劑，像是赤藻糖醇、蜂蜜、黑糖、楓糖、海藻糖等，只要在「適量攝取」之下，都能靈活運用。

營養價值
（6個／1個約30公克）
熱量（大卡）
103.7
碳水化合物（公克）
16.4
蛋白質（公克）
1.4
脂肪（公克）
3.9

養生黃金蜜棗酥

中式酥點類點心，常是節慶送禮的伴手選擇，但往往小小一個熱量卻相當高，且油脂的使用多半為奶油、酥油等，吃多了容易造成血膽固醇過高，甚至是增加心血管疾病發生的風險。有些時候人們慣壞了味覺，卻忽略了身體所需要最真切的營養，於是我試著將酥點類以全麥麵粉和糙米粉製作，取代一般使用的低筋麵粉，並使用植物油、低升糖指數的椰棕糖，讓這些點心除了可以滿足口慾之外，還能夠吃得到更多的健康。

另外，材料裡面使用的黑棗乾，盡量選擇無添加糖的為宜。黑棗本身屬於六大類食物中的水果類，含有豐富的膳食纖維，特別是果膠，以及維生素、礦物質等營養素，更是有「生命之果」的美名，無額外添加糖的黑棗果乾，是相對健康的零嘴，搭配適當的水分，反而可以抑制食慾，有助於提升減重的效率。但黑棗本身為水果，故有血糖問題困擾的人，若是吃黑棗就必須額外控制其他水果的份量，以免血糖失控喔！

材料

材料	份量
全麥麵粉	20公克
生糙米粉	40公克
雞蛋	1／2個（約25公克）
椰棕糖	10公克
熟地瓜泥	60公克
黑棗乾（切細碎）	30公克
玄米油	20公克
奶粉	2公克
全脂鮮奶	5毫升

器具

攪拌鋼盆	1個
攪拌器	1個
攪拌匙	1個
長型壓模（或其他圖案壓模）	6個

步驟

1. **地瓜削皮蒸熟後壓成泥，取10公克，分成六等份。（圖1）**
2. **黑棗乾切成細碎，取5公克捏成小球狀，同樣分成六等份，接著把地瓜泥包住黑棗小球搓成圓球狀備用。（圖2～4）**

1

2

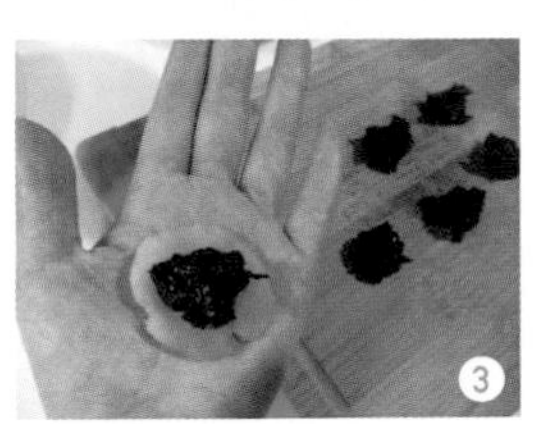
3

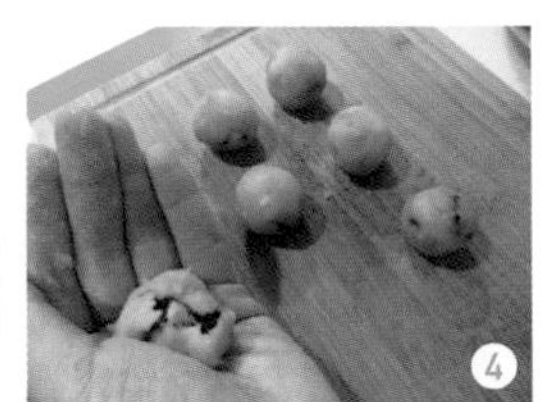
4

營養價值
（可切8小塊／1塊約55公克）

熱量（大卡）
98.2

碳水化合物（公克）
20.8

蛋白質（公克）
2.5

脂肪（公克）
0.6

紅豆黑豆糙米年糕

每逢年節時，紅豆年糕幾乎是家家必備的糕點，有些會拿來裹麵粉油煎，有些會切小塊並利用電鍋蒸熱一下，再沾上熟黃豆粉，別有一番風味。這裡我將黑豆和紅豆巧妙結合、讓黑豆和糙米粉一同搭配，試著讓年糕不再只有澱粉，還能有豐富蛋白質及纖維。下次年節來到，不妨自己動手做看看，甜度能自己掌握，所做出來的糙米年糕絕對與眾不同！

黑豆屬於六大類食物中的豆魚肉蛋類，富含優質的蛋白質，且其內所含的脂肪有80%以上為不飽和脂肪酸，有助於膽固醇的代謝，更能進一步預防心血管疾病。此外，黑豆所含有的黑豆皂素，具有抑制脂肪吸收的作用，也能阻止葡萄糖吸收轉換成中性脂肪，因而成為熱門體重管理的保健食材。黑豆所富含的膳食纖維具有飽足感，也能延緩飲食中血糖的上升速度，更有助於緩解便祕，其表皮所含有的花青素，更是很強的抗氧化物質，能夠清除自由基，避免細胞膜遭受到攻擊，達到延緩老化的保健功效，對於身體的種種好處，讓黑豆擁有「豆類之王」的美名。

傳統的年糕，全部使用糯米粉製作，對於有血糖問題困擾的人來說，吃了甜年糕之後，血糖上升速度很快，算是個紅燈地雷的食物，也就是所謂的「高GI值（高升糖指數）」食物。但這個甜年糕（甜粿），以富含膳食纖維的生糙米粉搭配在來米粉的作法，可大幅度降低GI值，而且所使用的糖更是以麥芽糖醇及椰棕糖為主，非常適合有血糖問題、想控制體重的人食用，但有血糖問題的人，仍須留意食用的份量唷！

材料

蜜紅豆黑豆

- 紅豆……50公克
- 黑豆……50公克
- 麥芽糖醇……50公克
- 椰棕糖……20公克
- 水……適量

糙米年糕

- 生糙米粉……75公克
- 在來米粉……75公克
- 紅豆黑豆水……200毫升
- 蜜紅豆黑豆……80公克

器具

- 電鍋……1台
- 攪拌器……1個
- 樂扣方形玻璃盒（750毫升容量）……1個
- 年糕紙（食用級玻璃紙）或耐熱保鮮膜……1張

步驟

蜜紅豆黑豆

1. 將紅豆、黑豆洗淨後，泡水靜置一晚備用。（圖1）

2 泡過的水倒掉，再將泡過水的紅豆黑豆撈起置於電鍋內，加水蓋過紅豆黑豆約高1公分。電鍋外鍋加一杯水蒸煮一次後，再加一杯水煮第二次，當電鍋跳起來後，趁熱加入麥芽糖醇及椰棕糖拌勻後，蓋上鍋蓋保溫狀態約半小時，之後由電鍋拿出放涼備用即完成。（圖2）

紅豆黑豆糙米年糕

1 樂扣玻璃盒先抹上食用油後，鋪上耐熱的年糕紙（或耐熱保鮮膜）備用。（圖1）

2 倒出剩下的蜜紅豆黑豆水，若未達200毫升，再加白開水至200毫升備用。（圖2）

3 將生糙米粉及在來米粉置於鋼盆內，倒入紅豆黑豆水200毫升後攪拌成粉漿，最後再加入事先製作好的蜜紅豆黑豆80公克。攪拌均勻後，倒入樂扣玻璃盒中，置於電鍋內蒸熟（外鍋1.5米杯水），放涼即可切片享用。（圖3～5）

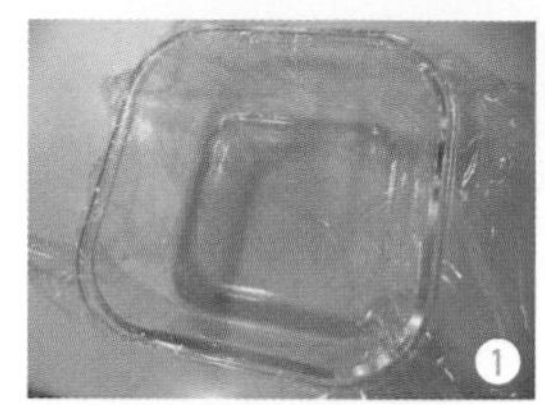

營養師小叮嚀

- 剩餘的蜜紅豆黑豆用途很廣，可以壓成泥狀，當做麵包或是吐司製作的內餡，或是搭配鮮奶酪一起享用，也別有一番風味。我自己也習慣多做一些蜜紅豆黑豆，因為可以變換成其他的點心。
- 建議放冰箱冷藏不超過三天，趁新鮮盡快使用完畢。

營養價值

（可切5小塊／1塊約180公克）

熱量（大卡）
184.2

碳水化合物（公克）
35.6

蛋白質（公克）
5.5

脂肪（公克）
2.2

糙米藜麥蘿蔔糕

過年期間總是有年節應景的蘿蔔糕，象徵著好彩頭。傳統的蘿蔔糕是使用在來米粉和搭配當季盛產的白蘿蔔絲一起拌勻，並用蒸籠蒸熟，當要吃的時候，再切幾塊用少許油煎熟後即可享用。台式蘿蔔糕僅會使用白蘿蔔絲，而港式蘿蔔糕則是含有蝦米、臘肉等食材，各自有各自的擁護者。這次我試著將健康食材生糙米粉、熟藜麥粒，取代部分在來米粉，再搭配蝦米、香菇及胡蘿蔔增加香氣，口感美味又富含營養，非常值得你動手試試看。

材料

- 生糙米粉……155公克
- 在來米粉……45公克
- 白蘿蔔絲（削皮刨絲）……350公克
- 水……250 公克（調粉漿的水）
- 蝦米細末……20公克
- 香菇……2朵
- 胡蘿蔔細末……20公克
- 熟藜麥粒……20公克
- 植物油……5公克
- 白胡椒粉……1小匙
- 醬油膏……1大匙

器具

- 炒鍋……1個
- 電鍋……1台
- 圓形容器或是長形容器（至少750毫升）……1個

步驟

1. 香菇泡水後，取香菇水約300毫升，並將香菇切成細末備用。藜麥蒸熟後，取需要的份量放涼備用。胡蘿蔔切細末，白蘿蔔削皮刨絲備用。生糙米粉、在來米粉和水先調好成粉漿備用。（圖1～3）
2. 取一炒鍋，加入少許油熱鍋，將蝦米、香菇炒香後，加入胡蘿蔔及熟藜麥粒一起拌炒，再加入白蘿蔔絲、醬油膏及300毫升香菇水一起炒至白蘿蔔絲呈透明狀。（圖4～5）
3. 於鍋內倒入調好的粉漿，將粉漿及炒料一起拌勻，以小火煮至濃稠狀後即可關火。（圖6～7）
4. 倒入已抹油的小鍋容器內，放入電鍋內蒸熟（電鍋外鍋2米杯水），電鍋跳起悶15分鐘後取出。剛蒸好的蘿蔔糕很軟，需冷藏後切片，油煎才可食用。（圖8）

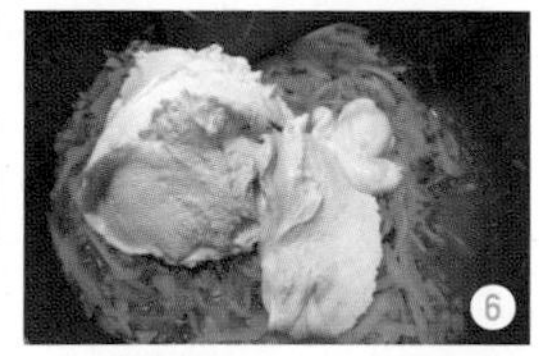

營養師小叮嚀

- 這裡我們使用糙米粉取代2／3以上的在來米粉，並且也加入了營養密度高的藜麥，搭配上豐富的白蘿蔔蔬菜，對於血糖的控制較為穩定，且也較具飽足感。
- 若是不想做成港式口味的話，單純使用胡蘿蔔及白蘿蔔，做出來一樣好吃唷！

營養價值
（8個／1個約65公克）

熱量（大卡）
152.2

碳水化合物（公克）
28.6

蛋白質（公克）
5.6

脂肪（公克）
1.6

藜麥果乾免揉小餐包

這個小餐包是用全穀食物藜麥及全麥麵粉，取代一半的高筋麵粉製作，可以大幅增加整體的膳食纖維及營養價值，只要搭配無糖優格及果乾，就是健康營養的早餐。這個餐包的作法非常簡單，利用懶人免揉麵團的方式，睡前將麵團放入冰箱冷藏，以低溫長時間發酵，隔天繼續後續步驟及烘烤即可，簡單步驟就能讓心愛的家人，吃到剛出爐的健康手作歐式餐包唷！

材料

材料	份量
熟藜麥	80公克
全麥麵粉	70公克
高筋麵粉	150公克
全脂鮮奶	70毫升
無糖優格	100公克
麥芽糖醇	25公克
酵母	6公克
雞蛋	1顆
果乾（葡萄乾）	45公克
手粉	適量

器具

攪拌鋼盆	1個
攪拌匙	1個
電鍋	1台
保鮮膜	1張

步驟

1 先以電鍋煮好藜麥粒，放涼備用。將全脂鮮奶及無糖優格稍微拌勻，再加入雞蛋攪拌均勻成優格雞蛋鮮奶備用。（圖1～2）

2 於攪拌鋼盆內依序放入熟藜麥、全麥麵粉、高筋麵粉、麥芽糖醇及酵母，粉類拌勻後加入果乾及優格雞蛋鮮奶，再以攪拌匙緩慢拌成團，並以保鮮膜將鋼盆密封起來，置於冰箱冷藏6～7小時（建議睡前將麵團置於冰箱冷藏，以低溫長時間發酵方式）。（圖3～5）

1

2

3

4

5

使用麥芽糖醇製作歐式麵包或饅頭時，建議使用「低糖酵母」，較不影響酵母發酵的過程，也會發酵的比較好。

3 冷藏後取出鋼盆，於室溫下回溫30分鐘，並於麵團上灑一些手粉（有利於將麵團取出），分割成八等份後，搓成圓形餐包形狀，置於烤盤上準備進入第二次發酵。（圖6～7）

4 於烤箱內放置一杯熱水，利用烤箱的密閉空間讓麵團進行第二次發酵，約莫發酵1小時後取出烤盤。（圖8）

NOTE 烤箱可先預熱170度15分鐘。

5 將發酵好的麵團送入烤箱，以上火／下火170度烤30分鐘後，再以上火180度烤3～5分鐘上色。溫度視每台烤箱爐火狀況不同，可自行調整爐溫及烘烤時間。（圖9）

6 出爐後倒扣於鐵網上，放涼後即可享用。（圖10）

6 7 8 9

10

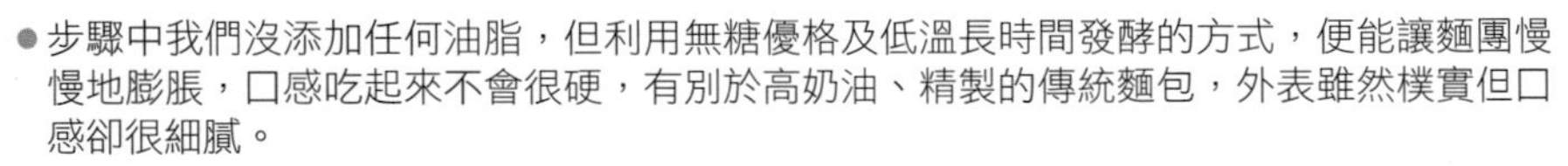

- 步驟中我們沒添加任何油脂，但利用無糖優格及低溫長時間發酵的方式，便能讓麵團慢慢地膨脹，口感吃起來不會很硬，有別於高奶油、精製的傳統麵包，外表雖然樸實但口感卻很細膩。

營養師小叮嚀

- 藜麥是被譽為「超級食物」的穀類，相較於一般穀類來說，含有較多的蛋白質，更含有人體所需的必需胺基酸，營養價值極高，雖是穀類但卻可媲美牛肉的蛋白質。此外，它還含有豐富的膳食纖維，其膳食纖維是精製白米的十倍之多，除了能延緩血糖上升，亦能幫助緩解便祕問題、改善膽固醇的代謝，對於有慢性病的民眾來說，它是個不可或缺的穀類主食。

TAYLOR PASS
HONEY Co.

營養價值
（10片／1片約58公克）

熱量（大卡）
128.4

碳水化合物（公克）
22.6

蛋白質（公克）
5.0

脂肪（公克）
2.0

十穀優格免揉山形吐司

許多血膽固醇過高的人常常會問我：「我沒有吃肉和內臟，為什麼膽固醇還是高？」你不妨想想看，早餐都吃什麼呢？市售的麵包多半使用精緻麵粉及奶油，吃起來越鬆軟代表奶油使用量越多，你是不是每次都吃了富含奶油及糖的麵包了呢？

想要吃得健康又美味，不如和我一起做高纖的歐式全穀麵包吧！我將中式的全穀類，搭配上西式歐包的作法，無油脂且富含纖維，雖然外表樸實不華麗，但口感紮實美味，你一定要試看看！

這個吐司富含膳食纖維及營養，可以切片沾上初榨橄欖油佐羅勒青醬吃，再配上一杯鮮奶及生菜沙拉，就是一餐營養豐富的早餐。當然也可以抹上自製的綜合堅果醬、鮮果醬，或是新鮮優格果泥，搭配一壺熱茶，就是個簡單又不失營養的下午茶點心了！

十穀飯、全麥麵粉皆屬於全穀類食物，可取代一半以上的精緻麵粉，將其用於烘焙上，可增加麵團的營養價值且讓你吃下更豐富的膳食纖維，還可以延緩血糖上升。對於想控制體重或是有三高問題困擾的人來說，市售的白吐司使用奶油和精製麵粉製作，非常不利於血糖及血脂的控制，建議一定要學會這個健康吐司的作法喔！

材料

熟十穀飯	75公克
大燕麥片	15公克
全麥麵粉	60公克
高筋麵粉	150公克
無糖優格	100公克
全脂鮮奶	70毫升
雞蛋	1顆
椰棕糖	20公克
全脂奶粉	20公克
酵母	6公克

器具

攪拌鋼盆	1個
攪拌匙	1個
電鍋	1台
攪拌器	1個
保鮮膜	1張
擀麵棍	1個
長型烤模（22cmX 8.5cmX 6cm）	1個
烘焙紙	1張

利用十穀飯、全麥麵粉來取代一半以上的精緻麵粉，能讓你吃下更豐富的膳食纖維喔！

營養價值

（可做2個／½個約118公克）

營養成分	含量
熱量（大卡）	**297.2**
碳水化合物（公克）	**47.5**
蛋白質（公克）	**10.6**
脂肪（公克）	**7.2**

※½個為1人份

紫薯燕麥核桃歐包

紫薯所呈現出來的柔美浪漫紫色，搭配上高纖維的燕麥片、富含好油脂的堅果核桃，再以無糖優格為基底，經過低溫長時間發酵，便能讓麵包維持鬆軟好吃的口感，還能攝取到現代人所欠缺的膳食纖維。富含紫色花青素的歐式麵包，除了色香味俱全外，因為利用紫薯及高纖燕麥片取代將近一半的高筋麵粉，不僅保留了美味更兼顧到營養喔！

紫薯屬於六大類食物中的全穀根莖類，和黃色或是橘紅色的番薯之間最大的差異，就是那迷人的紫色，也就是所謂的花青素。花青素是很強的抗氧化物質，可以清除自由基，減少自由基對身體細胞的傷害，也能夠減輕身體發炎狀態，更有許多研究證實，對於心血管疾病的預防是有益處的。

但是紫薯和番薯一樣，吃多了也容易產生腸胃脹氣的問題，所以對有血糖問題困擾的人來說，吃了紫薯之後，要記得減少米飯或是麵食的攝取量，以免一整天攝取了過多的主食澱粉，而造成血糖控制不好的情形。當然我也推薦直接將紫薯取代精緻米飯、麵條，這樣反而可以讓你攝取到更多的營養成分唷！

材料（14片）

材料	份量
大燕麥片	60公克
高筋麵粉	150公克
紫薯	80公克
全脂鮮奶	60毫升
無糖優格	100公克
雞蛋	1顆
碎核桃	30公克
麥芽糖醇	20公克
酵母	6公克

器具

器具	數量
攪拌鋼盆	1個
攪拌匙	1個
攪拌器	1個
電鍋	1台
保鮮膜	1張

使用高纖燕麥片、堅果、紫薯製作而成的歐包，不僅保留美味更兼顧到營養。

營養價值

（6塊／1塊約40公克）

熱量（大卡）	碳水化合物（公克）	蛋白質（公克）	脂肪（公克）
121.1	**19.8**	**3.8**	**2.9**

南瓜堅果花圈歐包

將營養價值很高的南瓜加入麵團內，再使用富含不飽和脂肪的堅果油脂取代奶油來製作，除了讓麵團吃起來的口感更鬆軟美味，更有豐富的膳食纖維，以及精製麵粉所欠缺的維生素及礦物質。家長們還可以利用黑巧克力，在這個歐包上畫出可愛的圖案，就是一個非常適合小孩放學後吃的小點心，即使是不愛南瓜的小孩，也一定會開心的吃完！

除此之外，因南瓜屬於全穀根莖類的一種，不僅色澤鮮豔，還富含β-胡蘿蔔素、葉黃素、鋅、鈷等微量元素，而膳食纖維含量更是豐富。此外，因為含有微量元素鈷，想要控制血糖的話，攝取適量的南瓜，會比攝取白米飯及白麵條好喔！

材料

南瓜（帶皮）熟重	50公克
堅果奶	80毫升
全麥麵粉	70公克
中筋麵粉	70公克
麥芽糖醇	15公克
酵母	4公克
黑巧克力	適量

器具

攪拌鋼盆	1個
攪拌匙	1個
果汁攪拌機	1台
電鍋	1台
6吋中空圓形烤模	1個
小耐熱袋	1個

步驟

1. 先製作好堅果奶（製作方式：核桃、松子及南瓜子等綜合堅果30公克，和全脂鮮奶200毫升一起攪打成堅果奶），取出80毫升的堅果奶，再加入熟南瓜一起攪打成南瓜堅果飲備用。（圖1～2）
2. 依序加入全麥麵粉、中筋麵粉、麥芽糖醇及酵母粉到攪拌鋼盆內，再加入南瓜堅果飲一起攪拌成團，視麵團濕黏程度，可沾些手粉（全麥麵粉）會比較好操作麵團。（圖3～4）
3. 取出麵團先放於鋼盆內，再將電鍋內放半杯溫水後，把鋼盆放於電鍋中，以保溫模式，蓋上鍋蓋發酵麵團一小時。（圖5）

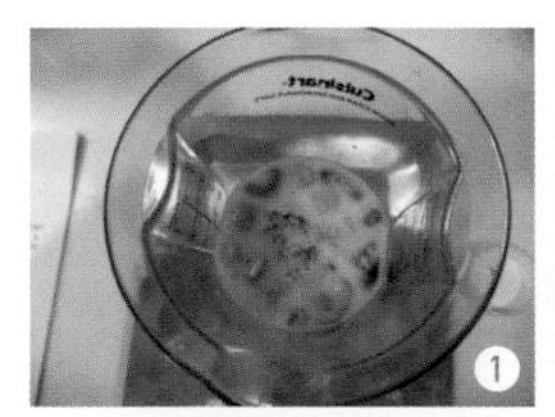
1

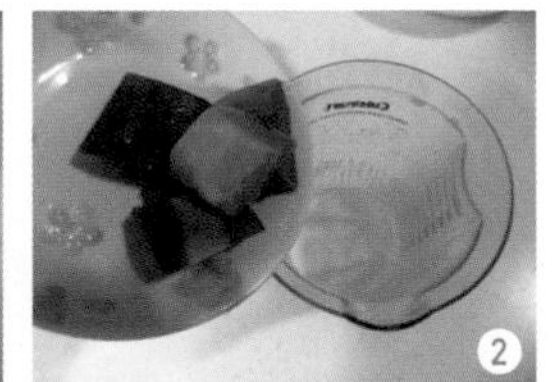
2

3

4

5

營養價值
（4個／1個約75公克）

熱量（大卡）
225
碳水化合物（公克）
35.6
蛋白質（公克）
7.5
脂肪（公克）
9.8

全麥芝麻包

饅頭、包子配豆漿似乎是東方人常見的早餐選項，但是坊間的饅頭包子幾乎都是使用精製白麵粉製作而成，其實全麥麵粉的營養價值更高於白麵粉，且含有豐富的膳食纖維、維生素B群及礦物質等營養素呢！除此之外，芝麻是很營養的食材，不僅溫補且富含鈣質、芝麻素、維生素E、必須脂肪酸等營養素，適合體弱的孩子或是長者食用，可以補充鈣質及攝取到足夠的優質油脂，避免皮膚角質乾澀脫皮。

這個食譜我使用全麥麵粉取代一半以上的精製麵粉來做芝麻包，讓你可以咀嚼到全麥香和芝麻香融合在一起的好滋味，當早餐或是孩子放學後的小點心都很適合唷！

材料

外皮

- 全麥麵粉……100公克
- 中筋麵粉……50公克
- 麥芽糖醇……10公克
- 酵母……4公克
- 全脂鮮奶……100毫升
- 橄欖油……5公克
- 黑芝麻粒（沒有的話也無妨）……少許
- 手粉……少許

內餡

- 無糖芝麻粉……60公克
- 熱開水……25毫升
- 麥芽糖醇……20公克
- 椰棕糖……15公克
- 橄欖油……5公克

器具

- 攪拌鋼盆……1個
- 攪拌匙……1個
- 電鍋……1台
- 擀麵棍……1個
- 饅頭紙……4張

步驟

1. 依序放入全麥麵粉、中筋麵粉、麥芽糖醇、酵母粉到攪拌鋼盆內，再加入全脂鮮奶一起攪拌成團，最後加入橄欖油，慢慢搓揉使油脂能夠充分和麵團混合均勻。（圖1～2）
2. 將麵團放到另一個乾淨的鋼盆內，再放入大同電鍋裡，外鍋放杯熱水，利用保溫功能發酵麵團約一小時，待麵團發酵至一倍大時取出。等待發酵過程時，可以製作芝麻內餡。（圖3～4）

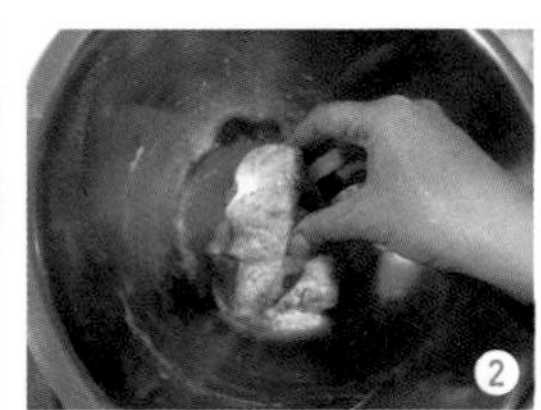

營養價值
（8個／1個約40公克）
熱量（大卡）
96.5
碳水化合物（公克）
17.3
蛋白質（公克）
3.1
脂肪（公克）
1.6

南瓜玫瑰全麥饅頭

南瓜含有多種營養素，為營養價值高的全穀根莖類之一，且吃起來帶有甜味又色澤鮮豔，所以時常當做烘焙及料理的食材。這裡我將南瓜融入全麥饅頭內，再搭配上玫瑰的造型，讓饅頭變得更富變化，也可以讓孩子動手玩麵團，善用天然的抹茶粉、紅麴粉、竹碳粉等，利用想像力創造出不同造型的饅頭，讓孩子也能藉由烘焙玩中學、學中玩。

材料

熟南瓜（去皮）	85公克
中筋麵粉	30公克
全麥麵粉	125公克
酵母	4公克
全脂鮮奶	80毫升
麥芽糖醇	15公克
橄欖油	5公克
手粉（全麥麵粉）	適量

器具

攪拌鋼盆	1個
攪拌匙	1個
電鍋	1台
果汁攪拌機	1台
擀麵棍	1個
饅頭紙	8張

步驟

1 南瓜削皮蒸熟，秤好所需要的份量，和全脂鮮奶一起攪打成南瓜牛奶備用。（圖1～2）

2 依序將全麥麵粉、中筋麵粉、麥芽糖醇、酵母放到攪拌鋼盆內，再緩慢倒入南瓜牛奶，一起攪拌成團，最後加入橄欖油，慢慢搓揉使油脂能夠充分和麵團混合均勻。（圖3～4）

3 將麵團放到另一個乾淨的鋼盆內，並放入電鍋裡，利用保溫功能發酵麵團約一小時，待麵團發酵至一倍大時取出。（圖5）

4 取出麵團後壓出空氣，麵團較濕黏的話，可沾上適量手粉操作，並切割成四等份。將其中一份麵團再分割成四小份，每份整成圓餅狀。（圖6）

營養價值

（6個／1個約70公克）

營養成分	數值
熱量（大卡）	176
碳水化合物（公克）	32.4
蛋白質（公克）	5.4
脂肪（公克）	3.1

燕麥糙米豆漿饅頭

這裡是將剩飯再運用所製作而成的美味饅頭，並用無糖豆漿取代水來提升營養價值，因為豆漿的胺基酸和燕麥粒、糙米的胺基酸兩者可以互補，讓所攝取的胺基酸可以更加的完整。早餐時，你可以將燕麥糙米豆漿饅頭，夾顆荷包蛋，就可以讓身體快速補充到足夠的養分。

未經過加工的燕麥粒及糙米，都屬於全穀根莖類食物，富含完整的麩皮、胚芽及胚乳，擁有豐富的膳食纖維、維生素B群及礦物質，非常適合有三高問題困擾的人當做主食種類。用它們取代精緻米飯及麵食，不僅能夠有效控制血糖上升，還能緩解現代人排便不順的困擾，對維持體態也很有幫助。

材料

材料	份量
燕麥糙米飯	110公克
中筋麵粉	105公克
全麥麵粉	80公克
無糖芝麻粉	5公克
椰棕糖	25公克
酵母	4公克
無糖豆漿	100毫升
橄欖油	5公克
手粉（全麥麵粉）	適量

器具

器具	數量
攪拌鋼盆	1個
攪拌匙	1個
電鍋	1台
饅頭紙	6張

步驟

1. 事先煮好燕麥糙米飯（燕麥粒：糙米=1：1），放涼後取出所需要的量備用。（圖1）
2. 依序將燕麥糙米飯、中筋麵粉、全麥麵粉、無糖芝麻粉、椰棕糖及酵母放入攪拌鋼盆內，再倒入無糖豆漿一起攪拌成團，最後加入橄欖油，慢慢搓揉使油脂能夠充分和麵團混合均勻。（圖2～3）

用燕麥粒及糙米取代精緻白米及麵食，或用其製作麵包饅頭，不僅能有效控制血糖上升，還有緩解排便不順的困擾。

營養價值

（6個／1個約85公克）

熱量（大卡）
249.5

碳水化合物（公克）
42.5

蛋白質（公克）
7.5

脂肪（公克）
5.5

八寶豆渣豆漿饅頭

這裡我是將米飯搭配豆渣所製作而成的美味饅頭，加了豆渣的八寶全麥麵團變得很鬆軟，有別於市售一般中筋麵粉製成的白饅頭，不僅吃得到全穀米香，也吃得到豆香味，且穀類及黃豆兩者的胺基酸互補，讓所攝取的胺基酸可以更加的完整。

什麼是豆渣呢？它是製作豆漿的副產物，黃豆有一半以上的營養成分保留在豆渣中，一般豆渣含水量可高達85%，蛋白質3.0%、脂肪0.5%，碳水化合物（含纖維素、多醣等）約8.0%。豆渣的營養價值非常高，含有鈣、磷、鐵等礦物質，還有可以和穀類互補的胺基酸，膳食纖維、蛋白質豐富，對於要控制血糖的人來說，豆渣饅頭的升糖指數較低，只要控制好攝取分量，就能更有效控制好血糖，相較於白饅頭來說，八寶豆渣饅頭會更營養健康喔！

材料

材料	份量	材料	份量
八寶飯	110公克	椰棕糖	25公克
豆渣	150公克	酵母	7公克
全麥麵粉	150公克	橄欖油	5公克
中筋麵粉	50公克	手粉	少許（全麥麵粉）
無糖豆漿	35毫升		

器具

器具	數量
攪拌鋼盆	1個
攪拌匙	1個
電鍋	1台
饅頭紙	6張

步驟

1 事先煮好八寶飯，放涼後取出所需要的量備用。將八寶飯、全麥麵粉、椰棕糖及酵母粉放入攪拌鋼盆內，再倒入豆渣，並緩慢加入無糖豆漿來調整增減，攪拌成團後加入橄欖油，慢慢搓揉使油脂能夠充分和麵團混合均勻。（圖1～3）

NOTE 八寶飯煮法：八寶米用一米杯量，洗淨2～3次，電鍋內水量比例為「八寶米：水=1：1.2」，電鍋外一米杯水量，煮好後電鍋跳起悶五分鐘後，取出放涼備用。

2 將麵團放到另一個乾淨的鋼盆內，放入電鍋內，利用保溫功能發酵麵團約一小時，待麵團發酵至一倍大時取出。（圖4）

3 取出麵團後壓出空氣，麵團較濕黏的話，沾上手粉比較好操作。切割成六等份，於掌心內搓成圓形或是擀開呈長條狀再捲起，然後取一張饅頭紙當底紙，接著蓋上濕布鬆弛約10分鐘後，準備蒸饅頭。（圖5）

4 電鍋外放一米杯水，將饅頭置於蒸盤上，蓋上鍋蓋（預留一個小縫），按下煮飯鍵即可，待電鍋跳起再悶3分鐘開鍋，即可趁熱美味享用。（圖6）

- 這裡的八寶米因不含糯米，所以整體升血糖值較低、營養價值高，且富含膳食纖維。除此之外，因為加入了豆渣，所以就算用全麥麵粉，也讓饅頭變得濕潤且鬆軟，即使放涼吃起來也不乾澀，但因為每次豆渣乾濕度及含水量多少有所不同，建議豆漿的量不要一次加完，慢慢加入麵團之中，較能控制麵團的含水量，以避免麵團過於溼黏，不易操作。
- 製作時可以添加些枸杞、碎堅果來提高營養價值，若是要給長輩吃的話，可以先將堅果與無糖豆漿攪打均勻後再揉入麵團，吃起來較無顆粒的口感，會較受長輩歡迎。

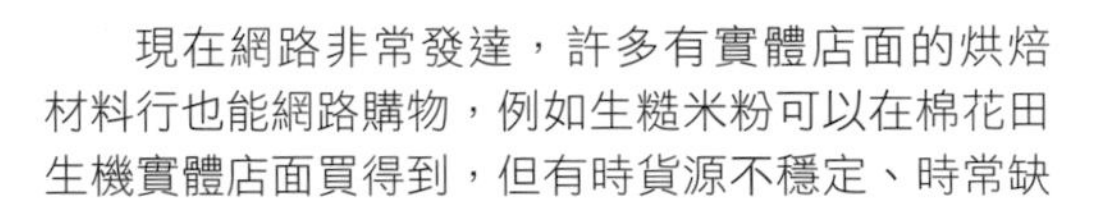

Column 7 營養師推薦的烘焙食材，網路可以購買嗎？

現在網路非常發達，許多有實體店面的烘焙材料行也能網路購物，例如生糙米粉可以在棉花田生機實體店面買得到，但有時貨源不穩定、時常缺貨，因此我推薦上網購買，有時達到特定金額還免運費，省去路程及搬運的時間呢！

★資料僅供參考，若有異動請以各店官網資料為準。

烘焙點心食材器材購買資訊（網路）

店名／商品名	網址	聯絡方式	販售品項
甜馨糖友購物網	http://www.diabetes.com.tw/	02-27134988	糖尿病可使用的甜味劑、無糖系列食品、血糖機等。
青荷有機	http://www.iorganic.com.tw/v2/official	03-3183186	有機十穀米、有機八寶米、各種有機大燕麥片等有機食品及茶飲等。
W Formula 呈頤實業	http://www.wformula.com.tw/	02-25078881	有機椰棕糖、有機可可粉、有機薑黃等健康素材。
銀川有機生糙米粉（商品名稱）	Google搜尋輸入「銀川有機生糙米粉」有許多網路店家販售	依網路店家所刊載的聯絡方式為主	有機生糙米粉、有機在來米粉等各式米類產品。
壽滿趣（特吉國際有限公司）	http://www.somuch.tw/	02-27003713	紐西蘭進口油品、蜂蜜等。
三能食品器具	http://www.wxsanneng.com/tw/	04-24925580	中西點烘焙材料、模具等。

營養價值

（1個／1個約165公克）

熱量（大卡）
225.9
碳水化合物（公克）
33.8
蛋白質（公克）
7.6
脂肪（公克）
6.7

蔬食毛豆飯糰

傳統中式早餐的糯米飯糰夾油條，是不少人印象中懷念的早餐，但想減肥或有三高問題困擾的人，並不太適合吃這類高油、升血糖速度快的食物。因此這裡將十穀毛豆飯取代糯米飯，搭配高纖蔬食，不僅熱量低且可以穩定血糖、避免血糖上升速度過快，想吃得美味又健康，就和我一起挽起袖子，動手做飯糰吧！

材料

材料	份量
十穀飯	80公克
毛豆（脫殼）	20公克
牛蒡	20公克
胡蘿蔔絲	20公克
萵苣	2小片
芝麻粒	少許
橄欖油	1小匙
調味料	適量
海苔片	1片

器具

器具	數量
平底鍋	1個
大碗	1個
攪拌匙	1個
電鍋	1台
保鮮膜	1張
刀子	1個

步驟

1. 先備料，十穀飯煮好後，放旁備用。毛豆洗淨水煮川燙熟後，撈起備用。（圖1）

   NOTE 十穀飯煮法：以一米杯量，洗淨2～3次，放入電鍋內，水量比例為「十穀米：水=1：1.2」，鍋外一米杯水量，煮好後電鍋跳起悶五分鐘後，取出放涼備用。

2. 牛蒡洗淨後利用刀背稍微刮去表皮、刨絲，胡蘿蔔同樣去皮、刨絲，萵苣葉洗淨、瀝水、擦乾備用。（圖2）
3. 取一平底鍋，熱鍋後加入少許油，清炒牛蒡絲、胡蘿蔔絲，放入適量調味料以及撒上少許芝麻粒拌勻後，即可起鍋備用。（圖3）
4. 取100公克十穀米飯於大碗內，加入毛豆拌勻，再將拌好的十穀毛豆飯，先平鋪於海苔片的正中央，接著依序鋪上萵苣葉以及炒好的牛蒡胡蘿蔔絲，再將四角的海苔往內折，形成正方形的飯糰。（圖4～5）
5. 利用保鮮膜定型後，再以刀子對切成兩半長方形，即可不沾手拿著、滿足享用。（圖6～8）

十穀飯的營養價值遠高於白米飯，再搭配上營養豐富的毛豆、牛蒡絲、萵苣葉，馬上讓傳統飯糰變身成為營養均衡的手拿海苔飯糰。飯糰裡的蔬食可以替換成自己喜愛的蔬菜，像是甜椒、綠花椰菜、杏鮑菇等，毛豆也可替換成蛋白質豐富且優質的雞蛋、雞胸肉或是魚片，吃起來更健康美味。

營養價值
（可做4小個／4小個約170公克）

熱量（大卡）
275

碳水化合物（公克）
35.5

蛋白質（公克）
12.1

脂肪（公克）
9.4

薑黃菇菇蛋藜麥球壽司

球壽司的變化可以很多樣，只要將十穀藜麥飯取代傳統的白壽司飯，營養價值馬上加倍提高，搭配一些模具，把胡蘿蔔或是海苔壓出可愛造型，就能搖身變成孩子喜歡的球壽司，步驟簡單且容易操作，健康又營養滿點。

藜麥是被譽為「超級食物」的穀類，相較於一般穀類來說，它含有較多的蛋白質，更含有人體所需的必需胺基酸，營養價值極高，雖是穀類但卻可媲美牛肉的蛋白質。此外，其膳食纖維含量更是精製白米的十倍之多，能延緩血糖的上升，亦能幫助緩解便祕問題、改善膽固醇代謝，對於有慢性病的人來說，是個不可或缺的穀類主食。

薑黃是一種俗稱鬱金（Tumeric）的地下根莖植物，是咖哩粉中的主要香料。發炎是造成許多慢性病的成因，而薑黃有很高的抗氧化與消炎特性，更有許多相關的研究證明可以緩解關節炎疼痛、降低肝臟發炎的情形、改善阿茲海默症初期症狀，並幫助改善認知能力、幫助消化，還能輔助治療炎症性腸病，更有研究證實能夠輔助對抗癌症，並預防癌症轉移。但是並非人人都適合吃薑黃粉，孕婦及哺乳媽媽，應盡量避免食用薑黃。

材料

- 藜麥十穀飯……80公克
- 雞蛋……1顆
- 鴻喜菇……30公克
- 胡蘿蔔……20公克
- 薑黃粉……少許
- 咖哩粉……少許
- 壽司醋……7毫升（約1.5茶匙）
- 橄欖油……1小匙

器具

- 平底鍋……1個
- 大碗……1個
- 攪拌匙……1個
- 電鍋……1台
- 保鮮膜……1張
- 可愛蔬果壓模……1個

用十穀藜麥飯取代傳統白壽司飯製作球壽司，步驟簡單就能吃到美味，更能吸收到加倍的健康。

步驟

1 取100公克的藜麥十穀飯，加入7毫升壽司醋拌勻備用。（圖1）

NOTE 藜麥十穀飯煮法：十穀米加上藜麥約一米杯量，洗淨2～3次後，電鍋內水量比例為「藜麥十穀米：水=1：1.2」，電鍋外則放一米杯水量，煮好後電鍋跳起悶五分鐘後，取出放涼備用。

2 胡蘿蔔切成四片，利用蔬果壓模，壓出四片可愛圖案，利用滾水川燙熟撈起備用。（圖2～3）

3 將鴻喜菇稍微沖洗瀝乾、切細碎後，加入雞蛋液、薑黃粉及咖哩粉調味拌勻。（圖4～5）

4 取一平底鍋，加橄欖油熱鍋後，將鴻喜菇蛋液鋪平煎熟，盛起放涼後，以刀子切割成方形四等份備用。（圖6～7）

5 趁藜麥十穀醋飯溫熱時，分成四等份，桌上先鋪保鮮膜，依序鋪上一片胡蘿蔔、一片鴻喜菇蛋皮，最後放上藜麥十穀醋飯後，利用保鮮膜包成小球狀後再打開置於盤上，即可享用。（圖8～11）

- 這個球壽司，除了藜麥之外還搭配了十穀飯，比單純的白米壽司飯，富含了更多的蛋白質及膳食纖維，並利用薑黃和咖哩本身的南洋風味，跳脫了傳統壽司的吃法，可為身體健康帶來更多正面效益。
- 若無可愛蔬果壓模的話，也可以利用刀子將胡蘿蔔片刻出小花圖案。
- 米飯和壽司醋的比例為「1米杯（可煮約2碗飯）：30毫升壽司醋」。

營養價值

（1個／1個約160公克）

熱量（大卡）
270.2

碳水化合物（公克）
32.5

蛋白質（公克）
13.4

脂肪（公克）
9.6

八寶米蔬食手拿飯糰

想要自製健康手拿飯糰，只要以八寶米飯取代白米飯，就已經是健康的第一步，接著再選擇色彩豐富且高纖的蔬食，搭配優質的蛋白質食物雞肉或是豬瘦肉、雞蛋等，如此一來，高纖所帶來的飽足感便能讓你不容易感到飢餓，且更有助於排便，而富含維生素B群的全穀類及優質的蛋白質食物，還能讓你體力加倍，更有精力去面對繁忙的工作喔！

材料

材料	份量
八寶飯	100公克
雞肉片	40公克
紅黃甜椒	30公克
萵苣	2小片
芝麻粒	少許
橄欖油	1小匙
調味料	適量

器具

器具	數量
平底鍋	1個
電鍋	1台
保鮮膜	1個

步驟

1. 將100公克的八寶米飯，拌入芝麻粒後放旁備用。（圖1）

   NOTE 八寶飯煮法：八寶米一米杯量，洗淨2～3次，電鍋內水量比例為「八寶米：水=1：1.2」，電鍋外一米杯水量，煮好後電鍋跳起悶五分鐘後，取出放涼。

2. 萵苣葉洗淨、瀝水、擦乾備用。黃紅甜椒洗淨切絲備用。（圖2）
3. 取一平底鍋，熱鍋後加入少許油清炒雞肉絲和黃紅甜椒，加入適量調味料拌勻後，起鍋備用。（圖3）
4. 先鋪一張保鮮膜，將100公克的八寶米飯取一部分鋪在保鮮膜上，再依序鋪上萵苣葉、甜椒雞肉絲，再將剩餘的米飯鋪上後，將保鮮膜拉起緊緊包住整個飯糰後定型即可。（圖4～8）

營養師小叮嚀

- 這個八寶米飯裡沒有黑糯米，所以GI值較低，很適合用來取代白米飯，只要掌握食用分量，就能夠控制好飯後的血糖。
- 這個創意養生米飯糰可以再做更多變化，例如自行將裡頭所包的食材替換成雞蛋、毛豆、豬里肌等，多樣化的高纖蔬食，就能吃的更均衡又健康囉！

營養價值
（2個／1個約110公克）

項目	數值
熱量（大卡）	**180.3**
碳水化合物（公克）	**17.2**
蛋白質（公克）	**11.0**
脂肪（公克）	**7.5**

九層塔全麥捲餅

一般捲餅大多使用精製的中筋麵粉所調製而成，但其實只要將全麥麵粉取代白麵粉，馬上就能夠讓捲餅的營養價值大幅提高。這個捲餅的口感介於蛋餅和烙烤餅皮之間，裡頭可以包入你喜愛的餡料，當然別忘了包入健康的蔬食和優質蛋白質，這些都是可以提供早餐所需的養分，接下來只要將營養捲餅捲起來即可，簡單就能做出好吃的營養早餐囉！

這裡介紹的全麥捲餅系列，與傳統蔥油餅不大相同，不僅減少了使用的油量，還全部以全麥麵粉取代中筋麵粉，對於需要控制血糖或是體重的人來說，吃起來更有飽足感，還能穩定血糖，非常適合當活力早餐唷！

材料

全麥捲餅皮

- 雞蛋……1顆
- 全麥麵粉……40公克
- 全脂鮮奶……50毫升
- 橄欖油……1小匙（5公克）
- 鹽……少許

★材料可做出2張餅皮。

內餡

- 雞蛋1顆
- 九層塔……適量（約30公克）

器具

- 乾淨容器……1個
- 攪拌器……1個
- 平底鍋……1個

步驟

製作全麥捲餅皮

1 將雞蛋於容器內均勻打散，再加入全麥麵粉、橄欖油及鮮奶調和拌勻備用。取一平底鍋，倒入全麥麵粉蛋液，舉起鍋子搖成薄圓餅狀（直徑約20公分），以乾煎方式兩面煎熟，再盛起放涼備用。（圖1）

製作九層塔全麥捲餅

1 九層塔洗淨後，擦乾備用。取一平底鍋，放入少許油後，將雞蛋打散倒入鍋內，再鋪上九層塔，並將九層塔蛋煎熟後盛起。（圖2～3）

2 盛起後放置於全麥捲餅皮上面，向內捲起。手拿即可美味享用，也可以切段沾上喜愛的醬料。（圖4）

1

2

3

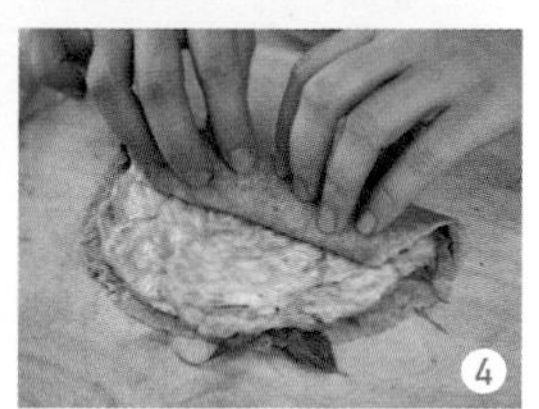
4

- 全麥捲餅皮可以事先做好備用，包裝保存良好下放入冰箱冷藏，可保存2～4天，建議趁新鮮享用。做好的全麥捲餅皮可以變化出很多不同的口味，讓你的早餐既豐盛又營養美味。
- 這個捲餅可以手拿著吃，不一定要切成小塊狀，若切太小反而容易讓內餡露出來。

營養價值
（2個／1個約125公克）

熱量（大卡）
157.7

碳水化合物（公克）
19.3

蛋白質（公克）
7.3

脂肪（公克）
5.7

牛蒡絲全麥捲餅

牛蒡是富含高纖以及許多保健營養價值的蔬食，將其包入全麥捲餅之中，不僅可提升飽足感、幫助排便順利之外，更有助於血脂肪的代謝。對於需要體重控制或有三高問題困擾的人來說，蔬食的攝取是非常重要的，建議可前一晚先將食材洗淨備料好，隔天一早就可以快速做出牛蒡絲全麥捲餅，只要再搭配一杯豆漿，就是健康美味的早餐了！

牛蒡不只富含膳食纖維，還有許多豐富的營養素，它的膳食纖維含量是胡蘿蔔的2.6倍、花椰菜的3倍，能促進腸道蠕動、讓你排便順暢。牛蒡纖維中的其中一種－菊糖（菊苣纖維），是腸道益生菌的重要養分，有助於維持腸道良好菌相，具有腸道保健的作用。

牛蒡養生的功效則主要源自於多酚類物質，它含有多種多酚類植化素，具有抗氧化的效用，可清除自由基，更可提升肝臟的代謝能力與解毒功能，其外皮更含有可以降膽固醇的「皂甘」成分，可以達到調節血脂肪的代謝。故牛蒡在削皮的時候，建議利用菜瓜布將表皮的塵土洗淨後，以刀背輕刮即可，可以保留更多營養價值，烹調上面也避免久煮，以防抗氧化養分的流失。但若腸胃消化系統較弱的民眾或是有腎功能不好的人，則建議避免大量攝取牛蒡。

材料

- 全麥捲餅皮……2片（作法翻至P205）
- 牛蒡絲……20公克
- 高麗菜……30公克
- 胡蘿蔔……10公克
- 橄欖油……1／2小匙（2.5公克）
- 調味料……少許

器具

- 乾淨容器……1個
- 攪拌器……1個
- 平底鍋……1個

步驟

1. 牛蒡、胡蘿蔔洗淨、削皮、切細絲，高麗菜洗淨、切細絲備用。（圖1）
2. 取一平底鍋，塗上一些橄欖油熱鍋，先炒內餡料後，盛起備用。（圖2）
3. 再將內餡料平鋪於全麥捲餅皮上面（捲餅皮作法翻至P205）向內捲起，即可手拿美味享用，也可以切段沾上喜愛的醬料享用。（圖3）

1

2

3

- 全麥捲餅皮可以事先做好備用，包裝保存良好下放入冰箱冷藏，可保存2～4天，建議趁新鮮享用。做好的全麥捲餅皮可以變化出很多不同的口味，讓你的早餐既豐盛又營養美味。
- 這個捲餅可以手拿著吃，不一定要切成小塊狀，若切太小反而容易讓內餡露出來。

營養價值
（2個／1個約130公克）

熱量（大卡）
208

碳水化合物（公克）
29.1

蛋白質（公克）
9.4

脂肪（公克）
6.0

鮪魚蔬菜藜麥捲餅

藜麥為超級穀物，營養價值高，其蛋白質含量更是穀類之中名列前茅，是非常適合全家享用的全穀類食物。這個捲餅是用藜麥來製作餅皮，內餡搭配蔬食及富含DHA的鮪魚，是道均衡又營養的餐點喔！

材料

藜麥捲餅皮

- 雞蛋……1顆
- 全麥麵粉……40公克
- 煮熟藜麥……10公克
- 全脂鮮奶……50毫升
- 橄欖油……1小匙（5公克）
- 鹽……少許

★材料可做出2張餅皮。

內餡

- 水煮鮪魚罐頭……半罐
- 洋蔥末……適量
- 蘿蔓……4葉
- 黑胡椒粒……少許
- 鹽……少許
- 蘿勒香料……1小匙

器具

- 乾淨容器……1個
- 攪拌器……1個
- 平底鍋……1個

步驟

製作藜麥捲餅皮

1 藜麥煮熟放涼後備用。將雞蛋於容器內均勻打散，再加入熟藜麥、全麥麵粉、橄欖油及鮮奶調和拌勻備用。取一平底鍋，倒入藜麥麵粉蛋液，舉起鍋子搖成薄圓餅狀（直徑約20公分），以乾煎方式兩面煎熟，再盛起放涼備用。（圖1）

製作鮪魚蔬菜藜麥捲餅

1 蘿蔓洗淨後，擦乾、切段備用。洋蔥切末，和水煮鮪魚以及其餘調味料一同拌勻備用。（圖2～3）

2 先將蘿蔓鋪於藜麥捲餅皮上面，依序將內餡料放於其上，再向內捲起，即可手拿美味享用，也可以切段沾上喜愛的醬料享用。（圖4～6）

1

2

3

4

5

6

- 藜麥捲餅的內餡鮪魚，也可以替換成嫩煎雞胸肉、乾煎無刺的鯛魚片等，皆是優質的蛋白質來源。
- 藜麥捲餅皮可以事先做好備用，包裝保存良好於冰箱冷藏可以2～4天，建議趁新鮮享用。
- 這個捲餅可以手拿著吃，不一定要切成小塊狀，若切太小反而容易讓內餡露出來。

營養價值

（5個／1個約54公克）

營養成分	數值
熱量（大卡）	**177.8**
碳水化合物（公克）	**28.7**
蛋白質（公克）	**3.6**
脂肪（公克）	**6.4**

原味葡萄乾司康

司康（Scone）是英國的早餐代表性食物，有些人也會當做下午茶點心，外型胖胖圓圓、小巧討喜，也有人會做成三角形司康。這裡介紹的作法是原味款式，使用富含膳食纖維的生糙米粉，再灑上孩子們喜歡的葡萄乾，搭配一杯牛奶就是一道營養滿點的健康早餐了！

材料

材料	份量
生糙米粉	70公克
全麥麵粉	40公克
麥芽糖醇	30公克
葡萄乾（切碎）	35公克
奶粉	10公克
杏仁粉	10公克
全脂鮮奶	60毫升
橄欖油	20公克
無鋁泡打粉	5公克
蛋黃 （打成蛋黃液塗抹表面用）	1顆

器具

器具	數量
攪拌鋼盆	1個
攪拌匙	1個
擀麵棍	1個
塑膠袋	1個
圈圈模	1個

步驟

1. 依序放入過篩的生糙米粉、全麥麵粉，以及奶粉、麥芽糖醇、杏仁粉、泡打粉到攪拌鋼盆內，再加入橄欖油。將粉類用手搓成小顆粒，再依序加入全脂鮮奶及碎葡萄乾一起攪拌成團，放於塑膠袋內冷藏半小時後備用。（圖1～3）
2. 將麵團以擀麵棍擀成約1.5公分高，再以圈圈模壓出圓餅狀，然後塗抹上蛋黃液，放入烤箱烘烤，烘烤之前先預熱烤箱（以上火／下火160度預熱15分鐘）。（圖4～6）
3. 確認每個司康麵團都塗抹蛋黃液後，以上火／下火160度烤15～20分鐘，再以上火170度烤5分鐘上色。時間視每台烤箱爐火狀況不同，可自行調整爐溫及烘烤時間。出爐後倒扣於鐵網上，放涼後即可享用。（圖7）

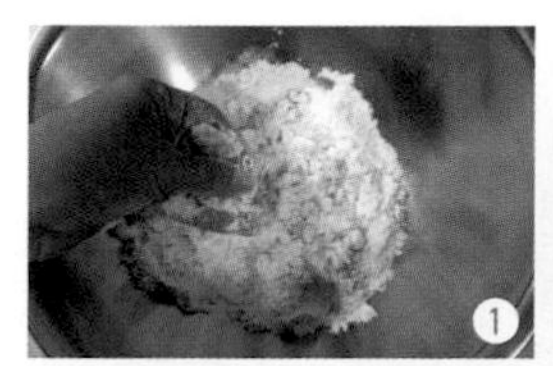
1

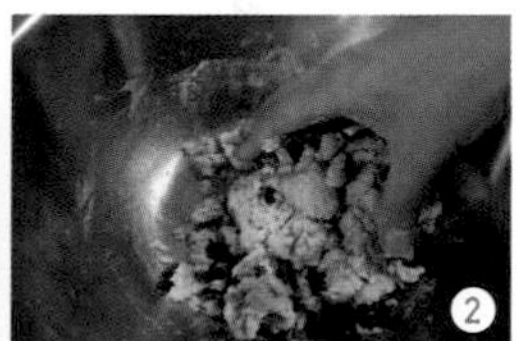
2

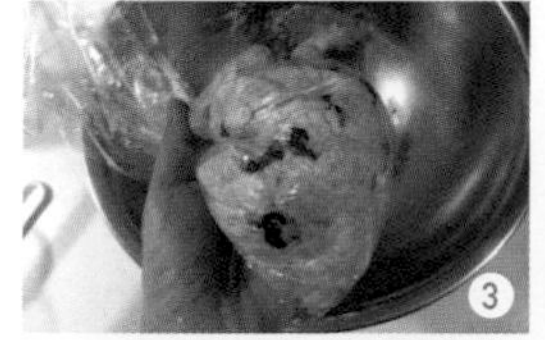
3

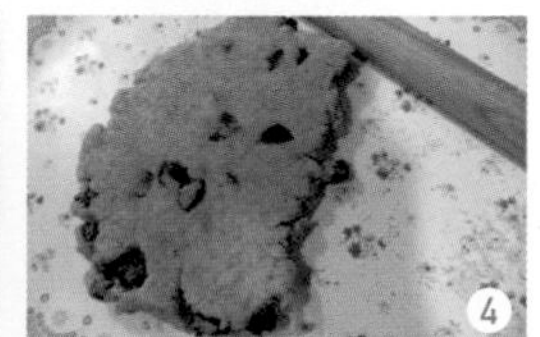
4

5

6

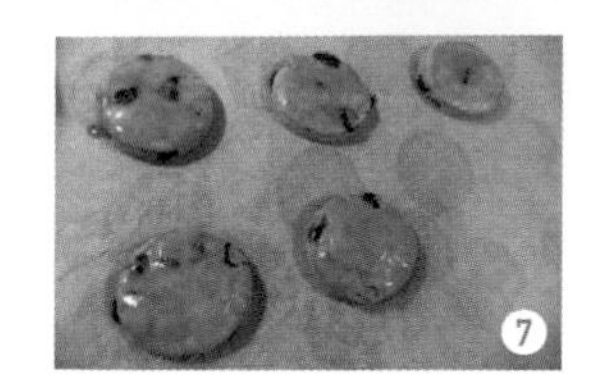
7

- 原味司康是使用富含膳食纖維的生糙米粉，相較於精製低筋麵粉而言，反而更具有飽足感，也使得血糖上升速度較為緩慢，有利於血糖控制。
- 葡萄乾屬於較健康的零嘴，常用於烘焙上面，因為葡萄乾本身帶有甜味，故可以減少糖的用量。
- 這裡我們使用麥芽糖醇取代砂糖，其熱量低，甜度則是砂糖的0.8倍，對於血糖的影響非常小。

營養價值
（5個／1個約54公克）

熱量（大卡）
169.6

碳水化合物（公克）
24.5

蛋白質（公克）
3.5

脂肪（公克）
6.4

胡蘿蔔椰糖司康

這裡我們是將胡蘿蔔融入司康之中，再以低升糖指數的椰棕糖作調味，這樣在烘焙加熱的過程中，便會釋出胡蘿蔔本身的甜味，吃起來還會有淡淡的椰香味。司康除了和果乾很搭之外，你也可以運用巧思，搭配不同的健康食材，例如搭配一杯鮮奶、豆漿或是優格，就可以當做一頓簡單的營養早餐唷！

胡蘿蔔富含β-胡蘿蔔素，於體內可以轉換成維生素A，能維持視力，有助於保護眼睛角膜以及皮膚黏膜的完整性，而維生素A更是強大的抗氧化劑，可以防止細胞膜被自由基攻擊，具有延緩老化的作用。

生的胡蘿蔔本身具有生草味，有些小孩不是很喜歡，但煮熟的胡蘿蔔，反而帶有些甜味，用於烘焙上反而別有一番風味，更可以讓不愛吃胡蘿蔔的孩子，變得喜歡吃蔬菜唷！

材料

胡蘿蔔絲……35公克
生糙米粉……70公克
全麥麵粉……40公克
椰棕糖……30公克
奶粉……10公克
杏仁粉……10公克
全脂鮮奶……55毫升
橄欖油……20公克
無鋁泡打粉……5公克
蛋黃……1顆
（打成蛋黃液塗抹表面用）

器具

攪拌鋼盆……1個
攪拌匙……1個
擀麵棍……1個
塑膠袋……1個
圈圈模……1個

步驟

1 胡蘿蔔刨成細絲後秤重，用滾水燙熟撈起，利用廚房紙巾稍微瀝乾，切成細末備用。（圖1～2）

2 依序放入過篩的生糙米粉、全麥麵粉，以及奶粉、椰棕糖、杏仁粉、泡打粉於攪拌鋼盆內，再加入橄欖油。粉類用手搓成小顆粒後，再依序放入胡蘿蔔細末及全脂鮮奶一起攪拌成團，再放入塑膠袋內冷藏半小時後備用。（圖3～5）

1

2

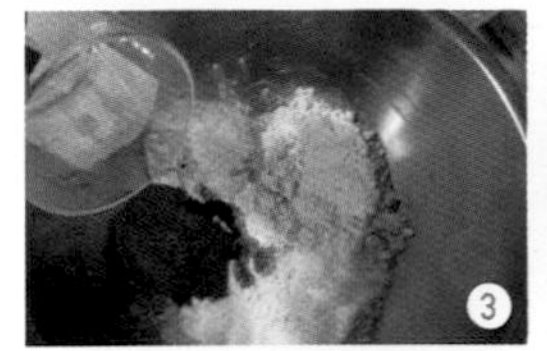
3

4

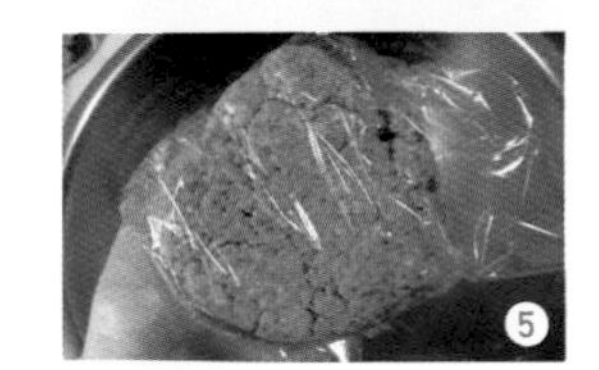
5

3 將麵團以擀麵棍擀成約1.5公分高，再以圈圈模壓出圓餅狀，然後塗抹上蛋黃液，放入烤箱烘烤，烘烤之前先預熱烤箱（以上火／下火160度預熱15分鐘）。（圖6～7）

4 確認每個司康麵團都塗抹蛋黃液後，以上火／下火160度烤15～20分鐘，再以上火170度烤5分鐘上色。時間視每台烤箱爐火狀況不同，可自行調整爐溫及烘烤時間。出爐後倒扣於鐵網上，放涼後即可享用。（圖8）

6

7

8

這裡所使用的椰棕糖，屬於低升糖指數的糖，不僅升血糖的速度較精製砂糖慢之外，還富含許多維生素及礦物質，非常適合有血糖問題或是想控管體重的人來使用。

椰棕糖是低GI值的糖，美國糖尿病協會更建議糖友可以選擇椰棕糖當成健康的代糖，來取代砂糖的使用。

營養價值
（5個／1個約50公克）
熱量（大卡）
156.3
碳水化合物（公克）
18.2
蛋白質（公克）
4.9
脂肪（公克）
7.1

毛豆起司司康

市售的司康多半為甜食居多，相信大家鮮少嚐過鹹口味的司康吧？這裡我將營養價值極高的毛豆加入司康食材之中，提高整體的蛋白質比例，非常適合運動健身的朋友當做訓練後的點心，或是可以做為健康營養的早餐，而對於不喜歡甜食的人來說，更是另一款獨特的點心選擇。

毛豆屬於六大類食物中的豆魚肉蛋類，毛豆成熟之後為黃豆，故其營養價值和黃豆不太相同，但是毛豆相較於黃豆含有更豐富的維生素B群、葉酸、B6、維生素A及維生素C，亦含有礦物質等營養素，屬於優質的植物性蛋白質來源，更有「植物肉」的美名。

毛豆的胺基酸和穀類的胺基酸具有互補作用，而這個司康為全穀類和毛豆的組合搭配，因此能讓你胺基酸攝取更為完整喔！此外，毛豆本身的醣類比例比成熟的黃豆還高，但易引起飽脹感的棉仔糖含量少，腸道反而較容易消化吸收，因此喝豆漿會脹氣的人們，可以改吃一些毛豆，就可以減少腸道脹氣的問題。

材料

材料	份量
毛豆粒	35公克
生糙米粉	70公克
全麥麵粉	40公克
全脂鮮奶	60毫升
橄欖油	20公克
起司粉	10公克
鹽巴	1／2小匙
黑胡椒粒	適量
無鋁泡打粉	5公克
蛋黃（打成蛋黃液塗抹表面用）	1顆

器具

器具	數量
攪拌鋼盆	1個
攪拌匙	1個
擀麵棍	1個
塑膠袋	1個
圈圈模	1個

不喜歡甜食的人，可以試試這個鹹口味的司康，將毛豆和生糙米粉一起製成司康，能有胺基酸互補作用，讓營養更加倍。

步驟

1 秤好的毛豆粒，用滾水川燙熟後，瀝乾撈起，放涼後切成細碎備用。（圖1）

2 依序放入已過篩的生糙米粉、全麥麵粉，再放入泡打粉於攪拌鋼盆內，並撒上起司粉及適量的黑胡椒粒後，加入準備好的熟毛豆粒，再加入橄欖油。接著粉類用手搓成小顆粒，最後加入全脂鮮奶一起攪拌成團，放於塑膠袋內冷藏半小時後備用。（圖2～5）

3 將麵團以擀麵棍擀成約1.5公分高，再以圈圈模壓出圓餅狀，然後塗抹上蛋黃液，放入烤箱烘烤，烘烤之前先預熱烤箱（以上火／下火160度預熱15分鐘）。（圖6～8）

4 確認每個司康麵團都塗抹蛋黃液後，以上火／下火160度烤15～20分鐘，再以上火170度烤5分鐘上色。時間視每台烤箱爐火狀況不同，可自行調整爐溫及烘烤時間。出爐後倒扣於鐵網上，放涼後即可享用。（圖9）

不喜歡起司粉的人可以不用添加，僅添加黑胡椒粒增添香氣即可。若想要讓鹹味司康味道香氣再重一些，可以在一開始的時候，將毛豆粒和一些洋蔥末一同拌入麵團內，就能夠讓整體的香氣更足夠。

Column 8

營養師推薦的烘焙食材，有實體購買門市嗎？

一般常見的麵粉，舉凡低筋麵粉、中筋麵粉、高筋麵粉及全麥麵粉等，皆可以在烘焙材料行買得到，但本書內有一部分是使用生糙米粉、麥芽糖醇及椰棕糖，這些食材在一般的烘焙材料行無法買得到，不過大部分在販售生機用品的店家中都找的到。

★資料僅供參考，若有異動請以各店官網資料為準。

烘焙點心食材器材購買資訊（實體）

北區商店	地址	聯絡方式	販售品項
棉花田生機園地	各區的門市據點	各區門市聯絡電話	各式生機食材、有機食材、有機麵粉、有機十穀米、八寶米等
富盛烘焙材料行	基隆市南榮路50號	02-24259255	中西點烘焙材料、模具等
新樺食品	基隆市獅球路25巷10號	02-24319706	中西點烘焙材料等
大家發烘焙食品材料行	新北市板橋區三民路1段101號	02-22546556	中西點烘焙材料、模具、包裝用品等
艾佳食品有限公司	新北市中和區宜安路118巷14號	02-86608895	中西點烘焙材料、器具等
德麥食品股份有限公司	新北市五股工業區五權五路31號	02-22981347	中西點烘焙材料、器具模型等
洪春梅西點器具行	台北市民生西路389號	02-25533859	器具包裝為主、西點烘焙食材為輔
飛訊烘焙公司	台北市承德路4段277巷83號	02-28830000	中西點烘焙食材為主、器具為輔
義興西點原料行	台北市富錦街578號	02-27608115	中西點烘焙材料、模具、包裝用品等
全鴻烘焙DIY材料行	台北市信義區忠孝東路5段743巷27號1樓	02-87859113	中西點烘焙材料、模具、包裝用品等
得宏食品原料行	台北市南港研究院路一段96號	02-27834843	中西點烘焙材料、器具模型等
大通	台北市德昌街235巷22號	02-23038600	中西點烘焙材料批發
得宏	台北市研究院路1段96號	02-27834843	中西點材料、器具模型、香料
好來屋	桃園市民生路475號	03-3331879	中西點材料、器具模型、香料
艾佳食品有限公司	桃園縣中壢市黃興街111號	03-4684558	食品烘焙材料
葉記食品原料行	新竹市武陵路195巷22號	035-312055	西點糕點原料、烘焙器具
普來利	竹北市縣政二路186號	03-5558086	中西點烘焙材料、器具
新盛發	新竹市民權路159號	03-5323027	中西點烘焙材料、器具、香料

中區商店	地址	聯絡方式	販售品項
豐榮食品	台中市豐原區三豐路317號	04-5271831	中西點烘焙材料、器具
永誠行（總店）	台中市民生路147號	04-2249876	西點材料、器具為主
永誠行（精誠店）	台中市精誠路317號	04-4727578	西點材料、器具為主
永誠行（彰化店）	彰化縣三福街195號	04-7243927	西點材料、器具為主
順興食品原料行	南投縣草屯鎮中正路586號	049-333455	中西點烘焙材料、器具
上豪	彰化縣芬園鄉彰南路3段355號	04-9522339	中西點烘焙材料為主
億全材料行	彰化市中山路2段252號	04-7232903	中西點烘焙材料、器具、香料

東區商店	地址	聯絡方式	販售品項
裕順食品有限公司	宜蘭縣羅東鎮純精路60號	039-543429	中西點烘焙材料、器具、香料
萬客來食品行	花蓮市和平路440號	038-362628	中西點烘焙材料、模型器具

南區商店	地址	聯絡方式	販售品項
巨城食品香料原料企業有限公司	雲林縣斗六市仁義路6號	05-5328000	烘焙材料、器具
彩豐食品原料行	雲林縣斗六市西平路137號	05-5342450	烘焙材料、器具
新瑞益食品原料行	雲林縣斗南鎮七賢街128號	05-5964025	烘焙材料、器具
世峰行	台南市西區大興街325巷56號	05-2502027	中西點烘焙材料大批發
永昌食品原料行	台南市長榮路1段115號	06-2377115	西點烘焙材料、器具
上品烘焙	台南市永華一街159號	06-2990728	中西點烘焙材料、器具
富美	台南市開元路312號	06-2376284	中西點烘焙材料、器具
順慶食品	高雄市鳳山市中山路237號	07-7462908	中西點烘焙材料、器具
德興烘焙原料	高雄市十全二路103號	07-3114311	中西點烘焙材料、器具
旺來昌食品原料行	高雄市公正路181號	07-7135345	中西點烘焙材料、器具
華銘	高雄市中正一路120號4樓之6	07-7131998	西點烘焙材料
新鈺成	高雄市康和路61號	07-8114029	西點烘焙材料、器具、香料
四海食品原料行	屏東市民生路180-2號	08-7335595	中西點烘焙材料

營養價值
（5個／1個約52公克）

熱量（大卡）
174.6

碳水化合物（公克）
23.0

蛋白質（公克）
3.9

脂肪（公克）
7.4

藜麥松子司康

眾多的堅果種類中，我獨愛松子的迷人香氣，將松子加入烘焙料理之中，似乎讓食物瞬間變得更美味可口，有畫龍點睛的效果。被譽為全穀類中的紅寶石「藜麥」，其蛋白質及礦物質的比例為全穀類中排名之首，與香氣十足的松子非常搭配，讓下午茶甜點不再只有甜膩的點心。

藜麥是被譽為「超級食物」的穀類，它相較於一般穀類來說，含有較多的蛋白質，更含有人體所需的必需胺基酸，營養價值極高，雖是穀類但卻可媲美牛肉的蛋白質。其膳食纖維更是精製白米的十倍之多，能延緩血糖的上升，亦能幫助緩解便祕問題，以及改善膽固醇的代謝，對於有慢性病的人來說，是個不可或缺的穀類主食。

材料

- 熟藜麥……30公克
- 生糙米粉……70公克
- 全麥麵粉……40公克
- 全脂鮮奶……60毫升
- 橄欖油……15公克
- 松子……15公克
- 麥芽糖醇……30公克
- 無鋁泡打粉……5公克
- 蛋黃……1顆（打成蛋黃液塗抹表面用）

器具

- 攪拌鋼盆……1個
- 攪拌匙……1個
- 擀麵棍……1個
- 塑膠袋……1個
- 圈圈模……1個

步驟

1. 利用電鍋煮好藜麥飯，放涼備用。松子先以烤箱低溫烘烤後，放涼備用。依序放入已過篩的生糙米粉、全麥麵粉，再放入泡打粉於攪拌鋼盆內，加入準備好的熟藜麥及松子，並加入橄欖油。粉類先用手搓成小顆粒，最後加入全脂鮮奶一起攪拌成團，放於塑膠袋內冷藏半小時後備用。（圖1～2）
2. 將麵團以擀麵棍擀成約1.5公分高，再以圈圈模壓出圓餅狀。烘烤之前先預熱烤箱（以上火／下火160度預熱15分鐘）。（圖3～4）
3. 將每個司康麵團塗抹上蛋黃液後，放入烤箱並以上火／下火160度烤15～20分鐘，再以上火170度烤5分鐘上色。時間視每台烤箱爐火狀況不同，可自行調整爐溫及烘烤時間。出爐後倒扣於鐵網上，放涼後即可享用。（圖5）

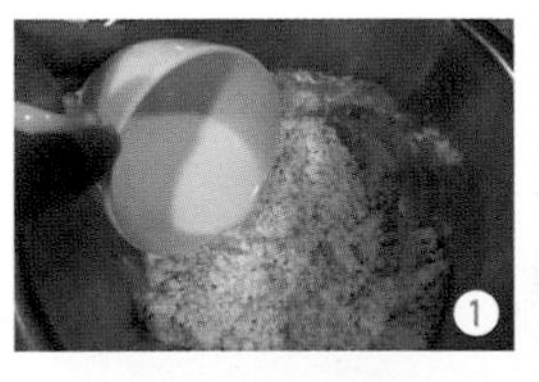
1

2

3

4

5

營養師小叮嚀

- 松子所富含的油脂，為不飽和脂肪酸，有助於心血管疾病的預防。此外，更是含有豐富的維生素E，這是一種脂溶性維生素，亦為一種抗氧化劑，能夠保護細胞膜不被自由基攻擊，維持細胞膜的完整性，也可以滋潤皮膚及角質的部分。
- 每日的油脂攝取，以一份堅果取代烹調用油，除了增加油脂的攝取種類，堅果內更含有優質的蛋白質及微量元素，皆是人體不可或缺的營養素。

Orange Taste 07

營養師教你做！減醣烘焙

蛋糕、奶酪、餅乾、麵包、中西式早餐，美味不發胖

作者：林俐岑

出版發行

橙實文化有限公司 CHENG SHI Publishing Co., Ltd
客服專線／（03）3811-618

作者	林俐岑
總編輯	于筱芬 CAROL YU, Editor-in-Chief
副總編輯	吳瓊寧 JOY WU, Deputy Editor-in-Chief
行銷主任	陳佳惠 IRIS CHEN, Marketing Manager
美術編輯	張哲榮
封面設計	張哲榮
攝影	陳立偉
製版／印刷／裝訂	皇甫彩藝印刷股份有限公司
贊助廠商	三能食品器具股份有限公司 SAN NENG BAKEWARE CORPORATION 寿满趣

編輯中心

桃園市大園區領航北路四段382-5號2F
2F., No.382-5, Sec. 4, Linghang N. Rd., Dayuan Dist.,
Taoyuan City 337, Taiwan (R.O.C.)
TEL／（886）3-3811-618　FAX／（886）3-3811-620
Mail：Orangestylish@gmail.com
粉絲團https://www.facebook.com/OrangeStylish/

全球總經銷

聯合發行股份有限公司
ADD／新北市新店區寶橋路235巷弄6弄6號2樓
TEL／（886）2-2917-8022　FAX／（886）2-2915-8614
出版日期 2017 年 9 月

請貼郵票

橙實文化有限公司

CHENG -SHI Publishing Co., Ltd

337 桃園市大園區領航北路四段382-5號2F

讀者服務專線：（03）3811-618

請沿虛線對折，用膠帶封好後，貼上郵票並投入郵筒寄回，謝謝！

營養師教你做！

減醣烘焙

蛋糕、奶酪、餅乾、麵包、

中西式早餐，美味不發胖

Orange Taste系列 讀者回函

書系：Taste07
書名：減醣烘焙

讀者資料（讀者資料僅供出版社建檔及寄送書訊使用）

- 姓名：________________
- 性別：□男　□女
- 出生：民國 ______ 年 ______ 月 ______ 日
- 學歷：□大學以上　□大學　□專科　□高中（職）　□國中　□國小
- 電話：________________
- 地址：________________
- E-mail：________________
- 您購買本書的方式：□博客來　□金石堂（含金石堂網路書店）□誠品
  □其他 ________________（請填寫書店名稱）
- 您對本書有哪些建議？________________
- 您希望看到哪些親子育兒部落客或名人出書？________________
- 您希望看到哪些題材的書籍？________________
- 為保障個資法，您的電子信箱是否願意收到橙實文化出版資訊及抽獎資訊？
  □願意　□不願意

買書抽大獎

1. 活動日期：即日起至2017年11月14日

2. 中獎公布：2017年11月15日於橙實文化FB粉絲團公告中獎名單，請中獎人主動私訊收件資料，若資料有誤則視同放棄。

3. 抽獎資格：STEP1：購買本書並填妥讀者回函（影印無效）寄回橙實文化，或拍照MAIL至橙實文化信箱。STEP2：於橙實文化FB粉絲團按讚，並參加這本書的粉絲團好禮活動（請留意粉絲團訊息公告）。

4. 注意事項：中獎者必須自付運費，詳細抽獎注意事項公布於橙實文化FB粉絲團，橙實文化保留更動此次活動內容的權限。

抽2個

好禮1
15cm戚風蛋糕模組（陽極）
金屬玫瑰色（市價NT550）

抽2個

好禮2
咕咕霍夫模（陽極）
金屬玫瑰色（市價NT565）

好禮3
方型烤盤（不沾）
金屬玫瑰色（市價NT750）

抽1個

好禮4
Bostock三瓶禮盒組（250ml）
（市價NT1,780））

抽8個

橙實文化FB粉絲團：https://www.facebook.com/OrangeStylish/